U0078927

這樣也可以？香蕉皮不只能絆倒人

BANANA PEELS ARE USEFUL

i-smart

國家圖館出版品預行編目資料

這樣也可以?香蕉皮不只能絆倒人 / 趙雨涵編著.
-- 初版. -- 新北市 : 智學堂文化, 民104.04
面 ;　公分. -- (智慧生活系列 ; 5)
ISBN 978-986-5819-75-0(平裝)
1.家政 2.手冊
420.26　　104002798

智慧生活系列：5

這樣也可以？香蕉皮不只能絆倒人

編　　著 — 趙雨涵
出 版 者 — 智學堂文化事業有限公司
執行編輯 — 謝鈺文
美術編輯 — 林子凌
地　　址 — 22103　新北市汐止區大同路3段194號9樓之1
TEL　(02) 8647-3663
FAX　(02) 8647-3660

總 經 銷 — 永續圖書有限公司
劃撥帳號 — 18669219
出 版 日 — 2015年04月

法律顧問 — 方圓法律事務所　涂成樞律師
cvs 代理 — 美璟文化有限公司
TEL　(02) 27239968
FAX　(02) 27239668

Chapter 01

家居DIY

巧手妝點生活

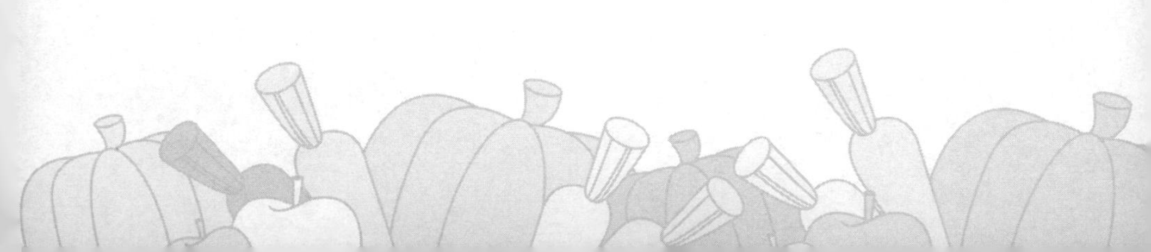

Chapter 02

變廢為寶妙妙妙

廢棄物的另類詮釋

香蕉皮不只能絆倒
BANANA PEELS ARE USEFUL
這樣也可以?

Chapter 03

日常小問題不用愁
妙 招 速 速 來 幫 你

香蕉皮不只能絆倒

BANANA PEELS ARE USEFUL

這樣也可以？

目 錄

香蕉皮不只能絆倒
BANANA PEELS ARE USEFUL
這樣也可以？

Chapter 04

服飾選購與保養

奇思妙想解難題

香蕉皮不只能絆倒 BANANA PEELS ARE USEFUL 這樣也可以？

Chapter 05

居室設計與清潔

讓你擁有清新世界

香蕉皮不只能絆倒
BANANA PEELS ARE USEFUL
這樣也可以？

Chapter 06

傢俱廚具的清潔與保養

省時省力有訣竅

香蕉皮不只能絆倒
BANANA PEELS ARE USEFUL
這樣也可以？

香蕉皮不只能絆倒
BANANA PEELS ARE USEFUL
這樣也可以?

BANANA PEELS ARE USEFUL

家居DIY

巧手妝點生活

Chapter.01

口紅可做指甲油

過期的口紅還有什麼用處嗎？當然，把它拿來做成彩色指甲油吧！

準備材料：不能再用的口紅、透明指甲油。

步驟：

1.用小刀把剩餘的口紅從口紅管裡刮出來。

2.把切下來的口紅碾碎，放入透明指甲油裡。

3.用棉棒攪拌透明指甲油裡的口紅，讓指甲油和口紅充分攪勻，原本的透明指甲油就成了彩色指甲油。

接下來，把膠水塗在指甲上，等到指甲上的膠水乾了以後，再擦上指甲油，去除指甲油時只需將指甲油輕輕一撕，就撕下來了，省去了用卸除指甲油的麻煩，也不會傷害指甲。

孕婦裝可以自己做

如果你需要一件孕婦裝，花錢去買只穿幾個月實在是不划算，不如自己做一件或者將別的衣服改造一下，權當胎教吧，這樣你的寶寶也許會更聰明的。

如果你有露背的細肩帶長裙，只要把裙子兩邊拆開，再選擇和裙子搭配的兩塊布縫在兩側，這樣看上去就像設計出的時裝裙，而裙子的寬度可以增加，懷孕時穿著很合適，產後只需在腰間繫一條精緻的腰帶，同樣可以穿上外出，不錯吧！也可以把老爸或丈夫的寬大褲子拿來改造，把小腿部分縫得窄小一些即可，穿上這樣的

褲子，外面再套一件寬大的外衣，在外衣的遮掩下，你的身材會顯得非常適中。

生活小補丁

選購裙裝時，可以參照少打褶、多斜裁的標準。選擇褲裝時以褲管合身、褲腰鬆為原則，為自己選一條美觀實用，又可以產後穿著的孕婦裝。

少打褶、多斜裁是指上衣不必選用胸前打褶過多的款式，這樣的衣服目標太明顯，一看就知道是孕婦裝，可以選擇斜裁的寬擺上衣，孕期它可以遮蓋凸起的腹部，產後也可以日常穿用，看上去舒適而且浪漫。

選擇褲裝時，褲管以合身的鬆緊度為好，大腿和腰部應該比較寬鬆，以突起的腰圍為準。如果下身配裙裝，最好選用類似西服長裙的合身式長裙，腰部可加背帶，裙形像一個倒置的梯形，如果外面再套上寬鬆的外衣，幾乎不露什麼痕跡，產後再穿這樣的裙子時可以把腰部收褶，就像一條別緻的鬱金香式時裝裙了。

自製系統收納櫃

不要再羨慕別人家整齊的衣櫃了，自己動手，讓衣櫃、抽屜變得「系統化」吧！

準備好厚紙板、美工刀、筆、尺，開始了。

第一步：量好抽屜的長度與寬度後減一，再除以想要隔成的格數。然後，畫好圖形，卡標的接縫則以厚紙板的厚度爲準。如紙板有0.1公分厚，則接縫處也應留0.1公分。

第二步：用美工刀裁切，下方最好墊一片保麗龍或厚紙板，這樣可以預防下層面板起毛邊或沒有切斷，接著組裝起來就可以了。

第三步：把襪子、領帶、皮帶、內衣、絲巾等放進自製的小收納盒，看一下，是不是很合適，很整潔？這個辦法很簡單，你也試一下吧！

保鮮膜芯筒做收納隔間

一些零亂的小東西常常在需要的時候找不到，別著急，用保鮮膜芯筒做的收納小隔間可以幫你解決這個難題。

1.把保鮮膜芯筒豎著從中間剪開，分成兩半，把邊修好。在每個剪好的半圓筒下面黏上雙面膠。

2.把剪好的半圓筒排列好，黏在抽屜裡，一個收納小隔間就做好了。將小物品整整齊齊地擺放好，再找的時候就容易多了。

同樣的原理，保鮮膜芯筒還可以做收納化妝品的小隔間。

1.將保鮮膜芯筒鋸成高低不等的小段。

2.取一個盛雜物的籃子，先墊一張紙，把小筒按高矮順序整齊的排列在籃子裡，將各種化妝品分門別類的插進高矮不同的小筒中。還可以加入內徑稍大的紙芯筒，用來放棉籤盒和梳子之類的東西。這樣一來，化妝台就整潔多了。想用哪種化妝品的時候，隨手一拿就可以了。

衛生筒芯做藏寶盒

捲筒衛生紙用完了，裡面的筒芯不要隨手扔掉，拿來做一個橢圓形的藏寶盒收藏你的心愛之物吧！

準備材料：衛生筒芯1個、硬紙板、包裝紙、白膠、紙條。

步驟：

1.將一個衛生筒芯從中間剪開成兩個半弧形。

2.按所需要盒子的高度依次修剪半弧形的高度，並剪出盒身及盒蓋部分。

3. 先做盒身部分：將剪好的兩個半弧形中間結合硬紙板，用雙面膠黏好。

4.盒身基本完成後，按盒底部大小裁剪合適的硬紙板，並用包裝紙黏貼底部，包裝紙的邊緣要大於硬紙板的邊緣約1.5 ～2公分左右。

5. 將包裝紙邊緣多餘的部分與盒身黏貼。

6. 裁剪一長方形包裝紙，長度與橢圓盒子的周長等同，底部同盒底，上部多留出盒身上部邊緣約1.5～2公分後黏貼。

7. 將上部預留的包裝紙與盒子內壁黏貼。

8. 盒蓋部分做法亦同，不過，注意盒蓋的直徑要略大於盒身這樣才能蓋緊盒身。

這樣一個橢圓形的藏寶盒就做好了。

自製票據儲納袋

家裡經常會有一些水費、手機費、購物發票等票據單子，零散的不好管理，扔掉又怕會有用處，那就爲這些票據做一個漂亮的儲納袋吧！

準備材料：延長線的包裝盒、包裝紙、緞帶花若干、珠子、熱熔膠、雙面膠、裁紙刀、打孔器等。

步驟：

1.按照盒子大小用包裝紙將盒子包好。

2.在盒子透明塑膠的部位按大小比例將上面的包裝紙鏤空。

3.四周用熱熔膠粘上緞帶花作裝飾。

4.用單柄打孔器在盒子上部的位置打好孔，用金屬絲線穿上珠子即可懸掛。

巧製置物袋

樣式過時要淘汰的衣服先別急著丟，這時只要稍作加工，就可以製成一個小巧的儲物袋。先來試著做一個手機袋吧！

步驟：

將布燙平，把手機放在燙平的布料上量好尺寸，注意在袋口部多留出一些，多餘部分剪掉。然後將剪好的部分縫在一起，縫到袋口時，要留出一指的寬度翻下來縫起，用來穿鬆緊帶。把縫好的袋子從內裡翻出來，手機袋就做好了。你還可以在上面做一些小小的裝飾，讓它看起來更精緻可愛。還可以同樣的方法製作MP3袋、眼鏡袋等。

動手製作首飾樹

沒有放首飾的好地方，所以項鍊總是纏在一起，戒指總是和你「捉迷藏」，想結束這種混亂的狀態嗎？做個首飾樹讓它們各就各位吧！

準備材料：鐵絲、棉繩、小花盆（也可以用玻璃瓶或鐵盒代替）、小石頭、剪刀、鉗子。

步驟：

1.用鉗子將鐵絲剪成長短不一的數根，鐵絲根數的多寡可以根據要製作的首飾樹的大小而定。

2.用棉繩以螺旋狀纏繞，將單根鐵絲纏繞好。提示：可以用棉繩纏繞的圈數來調節樹枝的粗細。

3.將多根纏好的鐵絲集成束，根部同樣用棉繩以螺旋狀纏繞固定。

4.將纏好的根部放入小花盆的中間，四周用小石頭固定，然後將鐵絲彎曲成樹枝的形狀。

最後，將自己喜歡的首飾掛上去吧，想配戴的時候也就方便許多了。

巧手做花籃

總是感覺室內太單調，養花又沒時間打理，那就自己動手做一個常開不敗的乾燥花籃吧，既美化居室又不用打理，很實用的。

準備材料：乾燥花、花泥、塑膠膜、透明膠。

步驟：

1.在竹籃（塑膠桶）裡鋪上一張塑膠膜。

2.將花泥切成小塊，鋪滿整個竹籃，鋪滿後，倒入適量水，讓花泥充分吸收水分，用手按實，因為事先鋪了塑膠膜，所以就不用擔心水會從竹籃底部滲出。

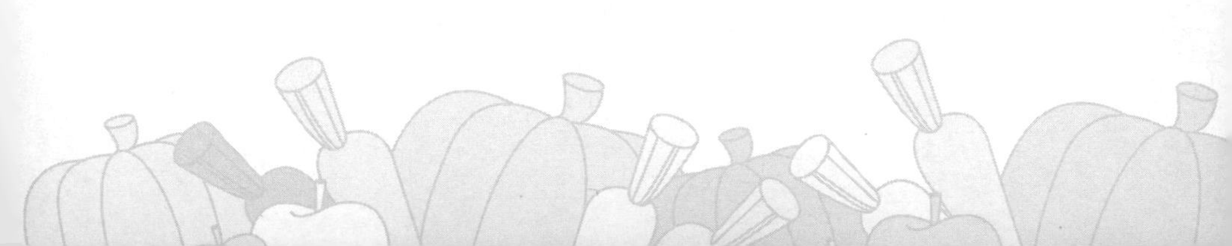

3.用剪刀將乾燥花的枝幹斜著剪下，這樣是爲了使底部尖銳，便於插花。

將花枝剪成適當的長度，就可以搭配著將花枝插到花泥中。

爲了使花籃更好看，還需要搭配一些別的花，如滿天星。

可用透明膠將滿天星的花幹與其他花卉粗硬的枝幹或牙籤貼在一起，以便於插入花泥中。

4.將花籃放在包裝紙上，用橡皮筋或繩子在花籃邊固定一下，將包裝紙展開，將蝴蝶結用雙面膠固定在花籃的提手上，現在一個漂亮的自製乾燥花籃就呈現在你眼前了。

把它擺在一個合適的地方，看一下，有沒有爲居家裝飾畫龍點睛的感覺呢？

利用紙杯做花瓶

生活中常會用到免洗杯，用過就被扔掉實在很可惜！其實免洗紙杯晾乾後可以做成花瓶美化環境。

準備材料：2個免洗紙杯、包裝紙、透明膠帶、裁紙刀、剪刀、熱熔膠、白膠。

步驟：

1. 將底部用裁紙刀小心的挖去。

2. 將包裝紙裁剪成紙杯杯面大小的扇形（注意要留出比杯子的周長多大約1公分左右的邊）。

3. 用透明膠帶將兩個杯子組合黏接在一起。

4. 用熱熔膠塗抹包裝紙後分別包裹好上下兩個杯子，以白膠塗抹絲帶黏於兩個紙杯的接合處並黏好蝴蝶結與裝飾花即可。

自製多功能角架

將平時不用的各種硬紙板或硬紙盒收集在一起就可以做成超級實用又環保的多功能角架。

準備材料：硬紙板或硬紙盒、衛生紙筒芯6個、包裝紙、剪刀、雙面膠、寬膠帶、墊紙、白膠。

步驟：

1. 硬紙板或硬紙盒裁出三角盒子的底部及三個邊並用寬膠帶將其黏接在一起。

2. 衛生紙筒芯6個，用硬紙板或硬紙盒裁出大小可以封住其圓口的蓋子共計12枚，分別用膠帶封住筒芯的圓口。

3. 將三角盒及衛生紙筒芯先貼上雙面膠分別用喜歡的包裝紙或畫報裝飾好。

4. 以白膠黏妥筒芯做的支柱，晾乾後內襯墊紙即可。

厚紙板做CD架

家裡的CD太多了，CD包不夠用，那就找點厚紙板做個CD架吧。

準備材料：舊厚紙板（寬度超過30公分，以確保CD能裝進去）、鋼針、裁紙刀、尺子、筆。

步驟：

1.厚紙板取中點，左右各取11公分，頂上留白，畫出頂線，注意格子要取單數。

2.沿橫線將厚紙板裁開，翻過厚紙板把線畫透。

3.每隔一個把橫格從正面沿中線向裡面推。

4.用鋼針穿起CD架的四個角，再套上橡皮筋固定，加上裝飾即可使用，前後均可裝CD。

將CD放上去吧，這個「新家」能夠讓你存放更多的CD哦！

衛生紙架巧製作

家裡缺一個衛生紙架嗎？不用花錢買，自己做一個就行了，很簡單的。

準備材料：迴紋針、毛線、兩個書夾。

把迴紋針穿成串，取一根比書夾長的毛線，把線的兩頭結成圈，扣在最邊上的兩個迴紋針裡，再把另一個書夾夾在上面，就做好了一個衛生紙架，紙用完了還可以換，非常實用。

毛絨玩具做紙巾架

孩子一天天長大了，不再喜歡那些毛絨玩具，扔掉太可惜了。那就改造一下，發掘出毛絨玩具的實用功能吧，比如，做個紙巾架。

準備材料：扣子、吸管、細鐵絲

步驟：

1.把扣子固定在毛絨玩具的手上，剪切吸管的長度，使其長度略大於紙巾的寬度。

2.把細鐵絲穿過吸管兩頭細鐵絲必須比吸管長。

3.將細鐵絲固定在扣子上，然後裝上紙巾即可。

十字繡架巧製作

近幾年，十字繡非常風靡，很多人喜歡用十字繡來做一些實

用的小物品，把自己精心製作的十字繡送人也是不錯的選擇。做十字繡時用繡架撐起來會方便操作，但是市場上的十字繡架售價偏高，不如自己動手做一個，既經濟又實用。

準備材料：PVC彎頭10個、三通接頭4個、PVC管4公尺。

步驟：

1.將PVC管加工成75公分2根、40公分2根、20公4根、10公分4根、5公分2根，剩餘管道再平均分成4等份。

2.把膠帶纏在PVC管的兩端，以便插接時能夠塞緊。

3.將切割好的PVC管依照十字繡架的樣式插接好。

4.將插接好的十字繡架零件完整組裝起來就可以了。

方便衣架巧製作

下面教大家做一款新型衣架，用它掛衣服，既能掛得比較高，又能很方便的收下來。

步驟：

1.剪一根55公分長的軟管，把鐵絲穿進軟管。

然後將塞有鐵絲的軟管彎出一個弧度，即成衣架的上橫樑。

2.再剪一根長50公分左右的軟管，做衣架的下橫樑。用繩子將上橫樑和下橫樑兩端繫在一起，就做成了衣架的主體結構。

3.在上橫樑中點處繫一根小繩，掛上S鉤。

4.再找一根繩子繫在下橫樑上。

等衣服晾乾了，只要輕輕拽一下這根繩子，上橫樑彎曲的弧

度增大，衣服就落下來了，非常實用。

厚紙板做疊衣架

疊衣服確實是一件很費時間的事，特別是襯衫，如何讓疊衣服變得簡單快捷呢？只要一塊硬紙板就可以了。

準備材料：紙箱子、剪刀、尺。

步驟：

1.把箱子側面和底面拆下來，紙板的長度最好和衣服的長度一樣，裁剪多於長度。

2.紙箱沿一個側面折痕向內量出20公分，畫線。

3.把紙箱反面沿紙用尺劃破，在正面折出折痕。

4.在縱向中間量出20公分，用同樣辦法折出兩側折痕。

5.使用時，把衣服放在中間，先折左右，再折下、上兩端。

不占空間的掛式鞋袋

有沒有覺得家裡的鞋子越來越多，鞋櫃已經不夠用了？想換個大一點的鞋櫃，家裡的空間又太小。怎麼辦？做一個容量很大，又不占地方的掛式鞋袋吧！

1.準備一塊長0.7公尺、寬1.5公尺比較結實的舊布，作爲鞋袋的底布。

2.在底布寬處離邊0.35公尺的地方折過來，縫一道線，兩頭不縫死，留下能穿過一根小棍子的空隙。這樣，長方形的底布就被分成了長短兩部分，短的一部分爲鞋袋蓋。

3.再準備6塊剪裁成梯形的舊布，在梯形布上縫兩道分隔號，使鞋袋的形狀更完整。

4.將6塊布一塊接一塊的縫在底布上，一個掛式鞋袋便做好了。

你可以將換下的鞋放在裡面試一下，真的很節省空間。

自製鍋墊

是否經常擔心熱鍋會把桌面或者地板燙壞呢？那就用硬紙板做個鍋墊吧，不僅能解除你的憂慮，還能爲你的廚房增添一些情趣。

準備材料：紙藤、白膠、紙板、黑色卡紙

步驟：

1.將紙板按所需要的大小裁成圓形。

2.按西瓜的樣子把紙藤一圈一圈盤好並用白膠固定。

3.把黑色的硬卡紙剪成瓜子形狀後隨意黏在「西瓜」上，「西瓜」鍋墊就做好了！

自製精美相框

想把自己漂亮的照片鑲在很有個性的相框裡嗎？不用去市場買，用家裡的飲料瓶和吸管做一個就行了，保證又漂亮又有個性，一起來做吧！

準備材料：兩根吸管、一個2.5升的空可樂瓶、若干小型彩色貼紙、四根小橡皮筋。

步驟：

1.取可樂瓶中間圓滑部分。

2.用打孔器將四角打孔。

3.用兩根吸管撐起，並用小橡皮筋將其固定。

4.用漂亮的貼紙進行裝飾即可。

最後，把你的照片放進去吧，怎麼樣？個性相框加上漂亮的照片，簡直是絕配呢！

恢復遙控器的靈敏度

家裡的遙控器不好用了嗎？先看一下是不是電池的問題，如果不是，那可能就是由於使用時間長，內部接觸不良造成的。怎樣讓遙控器像以前那樣靈敏呢？試試下面的辦法吧。

1.先打開遙控器的外蓋，用軟毛刷輕輕刷去表面的灰塵和污垢，清潔乾淨。

2.找一張和遙控器大小相同的錫箔紙，將有錫箔的一面面向電路板，是雙面的就更好了，將錫箔紙鋪在按鍵與電路板之間，再扣好外蓋，遙控器就修好了。

試一下，是不是像以前那樣靈敏呢？這個辦法的原理是，錫箔紙增加了按鍵與控制板之間的接觸面積。

香蕉皮不只能絆倒
BANANA PEELS ARE USEFUL
這樣也可以?

變廢為寶妙妙妙

BANANA PEELS ARE USEFUL

廢棄物的另類詮釋

Chapter.02

雨傘骨架變晾衣架

雨傘壞了不要急著扔掉，看是不是還有可以利用的地方，比如雨傘的骨架可以做成一個晾衣架。

雨傘骨架上有很多小孔，將迴紋針穿在這些小孔中，再把夾子掛在迴紋針上，一個簡單的晾衣架就做成了。你可以在上面晾襪子、內衣等。利用傘架還可以晾鞋子，把傘架的外端彎回來，套上鞋子，傘架的彈性就把鞋子支撐住了，一舉兩得，既簡單又方便。

傘面改做電扇防塵套

利用了傘骨，傘面也不要扔掉，用它來做一個防塵套吧！把傘面拆下，將上面的線頭拆乾淨，然後把傘面的周邊翻進去一圈縫起來，縫合時留出一個小口，把鬆緊帶穿進去。接下來，把做好的防塵套套在電扇上，根據電扇的大小調節鬆緊帶。傘面做的電扇防塵套既美觀又大方，你可以向客人小小地炫耀一下了。

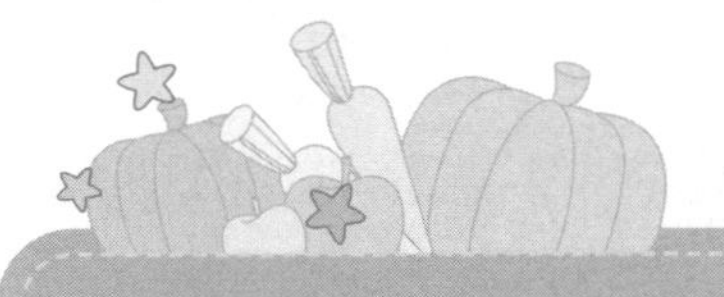

剩餘啤酒巧利用

有時候啤酒買多了喝不完，或者中途突然不想喝了，剩下的啤酒怎麼辦呢？扔了很可惜，放幾天再喝就已經變味了，其實你可以把啤酒給植物「喝」或者洗衣服，效果都很好。

1.用剩餘啤酒澆花

啤酒本身是微酸性的，用它來澆花可以調節土壤的酸鹼度，尤其是對那些喜酸的花卉非常有利。

2.用剩餘啤酒擦洗葉子

用剩餘啤酒擦洗花卉的葉子有兩個好處，一是可以把葉面的灰塵擦掉，促進植物進行光合作用；二是剩餘啤酒可以作爲葉面肥料。君子蘭、龜背竹等大葉植物的葉子用啤酒擦洗後都會顯得非常有光澤，大大增加了觀賞價值。

3.用剩餘啤酒洗滌衣物

深色棉布衣物洗的次數多了會褪色變白，很難看。如果洗時加入一些啤酒，把衣物泡上15分鐘再洗，不僅會使衣物變得更柔軟，而且還會使深色棉布衣物恢復本來的顏色。新買來的深色衣服，也可以先用啤酒和水洗一下，以後再洗就不容易褪色了。

廢水育花更滋潤

淘米洗菜的水成了廢水，不能再用了，可是這些廢水卻很受植物的歡迎，人類眼中的廢水可是它們不可多得的養料呢！

1.淘米水中含有蛋白質、澱粉、維生素等，營養豐富，用來澆花，會使花卉更茂盛。

2.洗魚肉的水澆花能使花木葉茂花繁。

3.煮雞蛋的水含有豐富的礦物質，用來澆花，可使花木長勢旺盛，花期延長。

4.煮麵、肉剩下的湯加水稀釋後用來澆花，可以增加肥力，使花朵開得肥碩鮮豔。

5.魚缸中換下的廢水，含有剩餘飼料，用它澆花，可增加土壤養分。

6.喝剩的茶水也有一定肥效。不過，茶水含鹼性，只適宜澆酸性花卉如茉莉、米蘭等。

淘米水的諸多功效

淘米水不要隨意倒掉，它的用途非常廣泛，不僅可以去汙除味，還能美容肌膚，可以多加利用。

1.用淘米水清洗淺色的衣服易去汙，而且顏色鮮亮。

2.沉澱後的淘米水再加熱水，可以用來漿衣服。

3.用淘米水洗手可以滋潤手部皮膚。

4.用淘米水漱口，可以治療口臭或口腔潰瘍。

5.淘米水加鹽可以去除菜的腥味。

6.把鹹肉放在淘米水裡浸泡半天，可以去鹹。

7.用淘米水清洗豬肚，可以洗的更乾淨。

8.將生銹的菜刀泡在淘米水中數小時，就很容易除銹。

9.淘米水澆灌花木或蔬菜，可促進生長。

10.用淘米水擦過的油漆傢俱會更明亮。

11. 新漆器用淘米水擦拭4~5次後，即可除去臭味。

過期牛奶的N種妙用

喝剩的牛奶或者過期的牛奶，雖然不能再喝了，但是還有很多用途。

1.用柔軟的布蘸少許牛奶擦洗鏡子和鏡框，會更加明亮潔淨，且不會留下水漬。

2.衣服上沾上了墨水時，先用清水洗，再用牛奶洗，接著再用洗衣精清洗，墨漬便可除掉。

3.如果白襯衫上留下了酒漬，用煮開的牛奶擦拭即可去掉；如果衣服上沾了水果漬，只要在痕跡處塗上牛奶，過幾小時再用清水洗，就能洗乾淨；衣服上沾了鐵銹，可先把有鐵銹的地方用沸水浸濕，塗上發酸的牛奶，再抹上肥皂清洗即可。

4.清洗紗窗時，在洗衣粉中加一些剩牛奶，紗窗就會煥然如新。

5.用牛奶擦皮革製品，可使其柔軟美觀。打開的鞋油放久了，會變得乾硬而不好再用，加入幾滴牛奶就變軟了，用起來和新鞋油一樣。

6.剩餘牛奶加少許水，可用來灌溉花草。

7.喝剩的牛奶可以給家裡的寵物做飲品。

8.用牛奶加一點醋和開水混合，然後用棉球蘸著在眼皮上反覆擦5分鐘，再用熱毛巾敷一下，可以消除眼睛浮腫。

9.在玻璃上貼標籤時，先將標籤在牛奶中泡一下，會貼得更牢。

隔夜茶有妙用

隔夜茶是不能再喝了，但是它裡面的營養成分仍然很豐富，可以用在其他方面。

1.隔夜茶含有很豐富的酸素、氟素，具有殺菌和防止毛細血管出血的作用，可治癒口腔出血、皮膚出血、瘡口膿瘍等。用隔夜茶漱口或洗腳，可以治癒口腔出血或腳跟乾裂。

2.眼睛出現紅絲或總是流淚，可每天用剩茶水洗數次，療效顯著。長時間使用電腦引起的眼睛乾澀，每天用隔夜茶洗兩次，效果

非常好。

3.用隔夜茶擦洗門窗玻璃和瓷器等，會使其乾淨有光澤。

4.用隔夜茶水洗頭，可止癢、除頭皮屑。若一直持續用隔夜茶水刷眉毛，也可使眉毛濃密烏亮。

5.將剩茶曬乾製成嬰兒枕頭，可避免嬰兒上火。將剩茶點燃，可驅除蚊蟲；放在廁所裡熏燒，能消除臭味。

6.曬乾的殘茶和炭末混合，覆蓋在燃燒的煤炭上，可使燃燒力持久。

香蕉皮的居家用途

1.清潔皮傢俱：家裡的皮質傢俱要注意平時的清潔保養才能延長使用壽命，吃完香蕉後，順手用香蕉皮的內側摩擦皮質傢俱表面，就能消除污垢，保持清潔。同理，用香蕉皮擦鞋，可使皮鞋更

加潔淨、光亮。

2.滋潤皮膚：將香蕉皮內側貼在臉上，敷10分鐘左右，再用清水洗淨，可使皮膚潤滑。

3.降低血壓：取香蕉皮30～60克，煎湯服用，可治高血壓。

4.治心血管病：取鮮香蕉皮30克煎湯代茶飲，能擴張血管，防止中風和心絞痛。

5.治療痔瘡便血：將三根香蕉皮燉熟服用，能治療痔瘡疼痛，大便出血。

6.治皮膚皸裂：用熱水擦手、足後，用香蕉皮內側在手上進行摩擦，可防止手、足皮膚皸裂。已經有裂口的皮膚，可用香蕉皮直接在裂口處摩擦，連用數次即可治癒。

橘子皮的用處

1.將橘子皮洗淨曬乾與茶葉一樣存放，可與茶葉一起沖飲，也可以單獨沖飲，其味清香，而且提神、通氣。

2.橘子皮是一種很好的中藥材，具有理氣化痰、健胃除濕、降低血壓等功能。將橘子皮洗淨曬乾後，浸於白酒中，2～3周後即可飲用，能清肺化痰，浸泡時間越長，酒味越佳。

3.熬粥時，放入幾片橘子皮，吃起來芳香爽口，還可起到開胃的作用。

4.燒肉或燒排骨時，加入幾片橘子皮，味道既鮮美又不會感到油膩。

5.橘子皮可以做成糖橘絲、糖橘丁、糖橘皮、橘皮醬等美味小吃。

6.將橘皮9克，核桃仁1個，生薑3片，用水煎服。可治療感冒咳嗽。

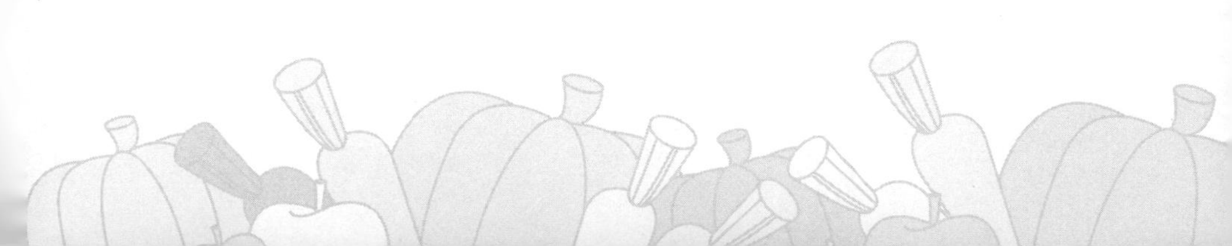

7.取橘皮適量，烤焦研末，加凡士林調塗患處，每日1~2次，可以治療凍瘡。

8.熬粥時，放入橘皮，粥熟後，不僅芳香可口，還能起到開胃的作用。對於胸腹脹滿或咳嗽痰多的人，有治療作用。

9.做肉湯時，放幾塊橘皮，不僅可以使湯味鮮美，且沒有油膩的感覺。

10.取曬乾的橘子皮適量，浸泡在白酒中20多天後再飲用，有清肺化痰的功效。

11.將橘皮洗淨烘乾，研成粉末儲存在玻璃瓶中做調味料，做菜、做湯時放上一點，可以增味添香；做饅頭時放一點到麵粉裡，蒸出的饅頭清香撲鼻。

咖啡渣的幾種妙用

1.將咖啡渣倒入炒菜鍋稍微加熱，可以去除鍋內油膩；用紗布包咖啡渣，可去鍋蓋或油煙機上的油膩。

2.少許咖啡渣倒入不銹鋼水槽，擦拭一下再用水沖，可以清除水槽中的污垢。

3.將咖啡渣炒乾或曬乾後，放在煙灰缸裡，既可滅煙蒂又能去掉煙味；用保鮮膜包乾咖啡渣，用針戳點小洞，放到冰箱裡，能去除冰箱異味；用小紗布包裹乾咖啡渣放入衣櫥，可以防潮防黴。

小蛋殼用處多

吃雞蛋時，我們總是習慣將蛋殼隨手扔掉，其實這些被我們視為垃圾的蛋殼，有很多用處。

1.打雞蛋時，不要直接磕開，而是在雞蛋的一端弄一個小孔，讓蛋白蛋黃緩緩流出，保留完整的蛋殼，然後用彩色原料在蛋殼上畫出可愛的造型，蛋殼就成了一件很有情趣的小工藝品。如果家裡有兩三歲的寶寶，保證他會愛不釋手的。

2.把蛋殼內的一層蛋白收集起來，加一小匙奶粉和蜂蜜，拌成糊狀。晚上洗臉後，把調好的蛋糊塗在臉上，30分鐘後洗去，你的臉部肌膚就會細膩滑潤，不過要記得一直持續哦！

3.雞蛋殼含有90%以上的碳酸鈣和少許碳酸鈉、磷酸氫等物質，碾成末內服，可治小兒軟骨病。同理，將碎蛋殼加入飼料中，可治療家禽缺鈣症，還能使雞多產蛋，並且不會生軟殼蛋。

4.雞蛋殼可治胃痛、胃酸過多。其方法是：將蛋殼洗淨打碎，放在鐵鍋中用文火炒黃，研成粉末，加入適量的甘草粉混合均勻，每次取3～5克，分2～3次於每天飯前或飯後用溫水送服。此法可治療十二指腸潰瘍、胃痛、胃酸和孕婦小腿抽筋等症。如取上述藥粉5克，每日2次以適量黃酒沖服，可治婦女產後頭暈。

5.消炎止痛。用雞蛋殼碾成末外敷，有治療創傷和消炎的功效。

6.治燙傷。蛋殼裡面有一層薄薄的蛋膜。當身體某一部位被燙傷後，可將蛋膜輕輕揭下，敷在傷口上，10天左右傷口就會癒合。還能止痛。

7.用雞蛋殼30克，陳皮、雞內金各9克，放鍋中一起炒黃後研成粉末，每次取6克用溫開水送服，每日3次，連服2天，可治腹瀉。

8.把蛋殼燒過後碾碎撒在牆角，可以防螞蟻到處亂爬。將蛋殼晾乾碾碎，撒在廚房牆根四周及下水道周圍，可驅走鼻涕蟲。

9.在細口瓶中放入新鮮蛋殼碎片，再加點清水使勁搖晃，可以去水垢、油垢。這種辦法同樣可以用來清除熱水瓶和水壺中的水垢。另外，用浸泡過蛋殼的水擦洗玻璃器皿和漆器木器，可增添光澤。

10.想把油裝入瓶子裡，一時又找不到漏斗，可在蛋殼一端打一小孔，一個小漏斗就出現了。

11.將蛋殼搗碎，用紙包好，爐子生火時用來引火，效果非常好。

大蒜內膜做OK繃

如果皮膚不小心被擦傷，一時又找不到藥來處理，可以把大蒜皮最裡面一層的薄膜貼在傷口上，代替OK繃。這樣不僅可以有效預防感染，還可使傷口加速癒合。

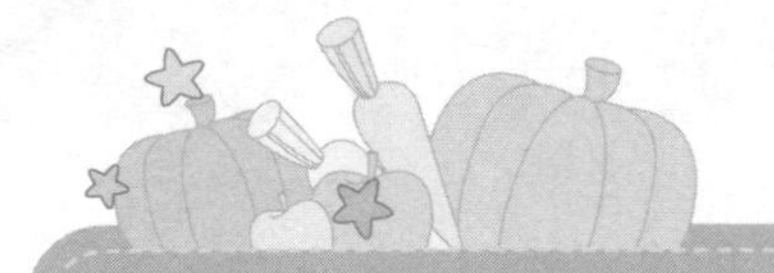

乾硬麵包再利用

將吃剩的麵包放入冰箱內，待硬到一定程度時取出用金屬研磨器磨碎，製成麵包粉末一起食用，可裹在油炸食物外面。

將硬麵包烤至黑色，用紗布包裹後放入冰箱內，可去除冰箱異味。

廢塑膠瓶子巧利用

家裡積存了很多的空瓶子，你是將它們一股腦兒丟到資源回收桶呢，還是好好地利用它們，爲生活增添幾絲情趣？下面就告訴你答案。

1.廢瓶子可做成漏斗。用剪刀從塑膠瓶的中部剪斷，上部就是一隻很實用的漏斗。

2.較粗大的玻璃瓶子，可以將瓶底切下做成金魚缸。再將下面的瓶塞上裝上一段橡皮管，給魚換水時，就不用把金魚撈出來了。

3.在塑膠瓶的底部戳幾個小洞，一個實用的小噴壺就做好了。

4.有的瓶子上有刻度，根據用途稍微加工一下，就可用來做量杯。

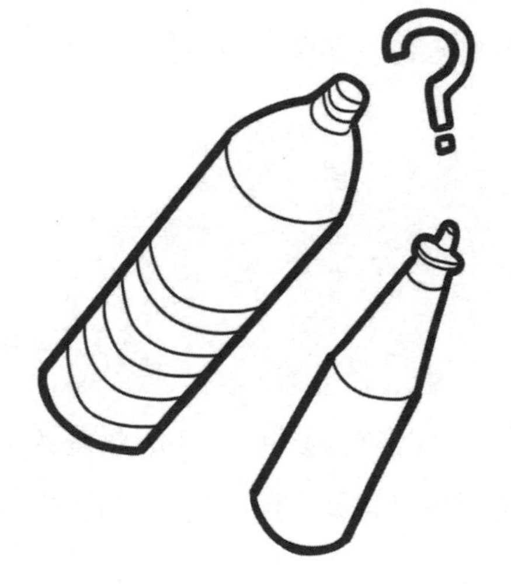

5.將用完的香水瓶、化妝水瓶開蓋放在衣箱或衣櫃裡，會使衣物變得香氣襲人。

6.擀麵條時，如果一時找不到擀麵棍，可用空玻璃瓶代替。用灌有熱水的瓶子擀麵條，還可以使麵變軟。

7.把皺掉了的領帶捲在圓筒狀的啤酒瓶上放一夜，領帶上的皺紋就消除了。

空瓶做成小皂盒

將洗髮乳或沐浴精的瓶子上部，剪出合適的高度與形狀，可做成裝肥皂的小皂盒。使用時只要打開下面的蓋子不必拿出肥皂就可輕鬆排乾淤積盒內的肥皂水了。

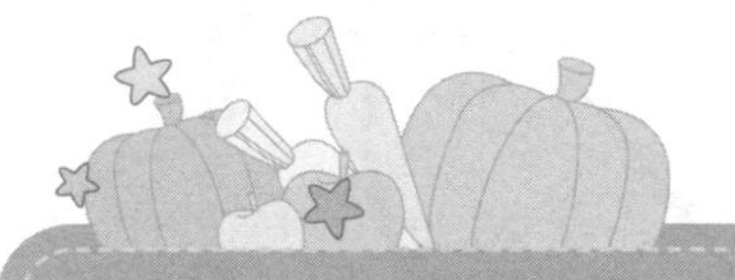

小瓶蓋的大用途

你注意過那些小小的瓶蓋嗎？自從離開了互相依靠的瓶子，它們就經常躺在某個角落，很少被想起，其實它們的用處還是很大的。

1.用汽水瓶或酒瓶蓋來刮薑皮，既快又方便。

2.找一根長約15公分的小圓棒，在其一端釘上2～4個酒瓶蓋，

利用瓶蓋周圍的齒來刮魚鱗，是一種很好的工具。

3.將酒瓶上的蓋子收集在大玻璃瓶內，是一件非常別緻的裝飾品。

4.在傢俱腿下面放一個罐頭瓶蓋，傢俱就可以滑動，挪動傢俱時會非常省力。

5.將廢棄無用的橡皮蓋子用膠水固定在房門的後面，可防止門在開關時的碰撞，起到保護房門的作用。

6.經過長時間使用後，通下水道的搋子的木把與橡膠就會脫離。遇到這種情況可找一個酒瓶鐵蓋，用螺釘將瓶蓋固定在木把端部，然後再套上膠碗，木把就不會脫落了。

7.將熱水瓶蓋子放在蚊子叮咬處摩擦2～3秒鐘，然後拿掉，重複2～3次，蚊蟲叮咬導致的瘙癢就消失了，也不會出現紅斑。

8.花盆的出水孔處放一隻瓶蓋，既能使水流通，又能防止泥土流失。

9.將幾隻小瓶蓋釘在木板上製成一個小鐵刷，可用來刮去貼在牆壁上的紙張和鞋底上的泥土等，非常方便實用。

10.將瓶蓋墊在肥皂盒中，可使肥皂不與盒底的水接觸，還能節省肥皂。

11.將青黴素瓶上的橡皮蓋子搜集起來，內蓋朝上縱橫交錯釘在一塊長方形的木板上，就成爲一塊很實用的搓衣板。橡皮蓋子的彈性，還會減輕對衣服的磨損程度。

12.在椅子的腿上裝上一個青黴素瓶上的橡膠蓋作爲緩衝物，這樣移動椅子時就不會發出刺耳的聲音，還可以保護椅子腿。

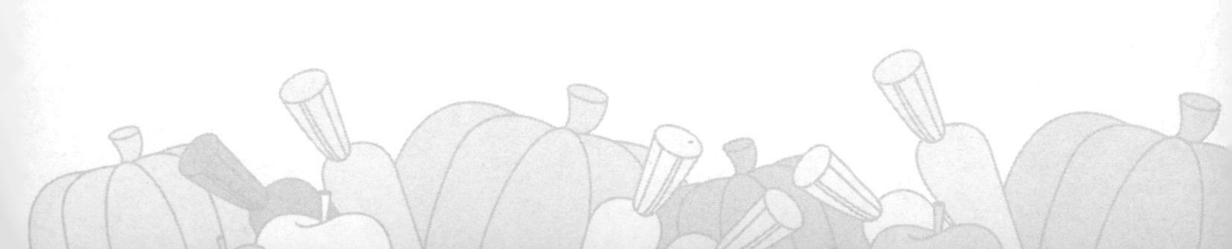

傳真紙棒做麵棍

傳真紙用完以後，裡面的紙棒可以做擀麵棍，爲清潔起見，用傳真紙棒擀麵時，應在表面裹上一層保鮮膜，用完後將保鮮膜撕掉即可。

舊竹筷做花盆

竹筷用的時間長了，就會變黑，顯得很不乾淨，要用新的竹筷代替了。那麼，把舊的竹筷收集起來做個花盆吧！

首先，把一個塑膠瓶的瓶口鋸掉，餘下的部分作爲花盆內襯。然後將竹筷裁成比塑膠皿略高的長度，用棉繩以8字形繞法，將所有竹筷上下纏繞固定。然後將竹筷套在塑膠瓶的外面，花盆就

做好了。為增加美感，還可以在底部加一圓形木塊做底座。用這種辦法還可以自己製作竹筷杯墊。

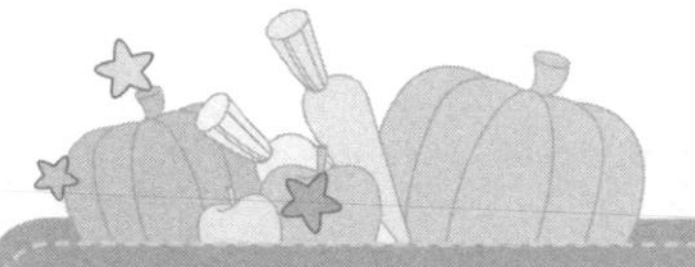

舊報紙的實用功能

1.舊報紙擦玻璃。這個用途已經是被大家所熟知的了，具體步驟是：先用濕抹布擦掉玻璃表面的污垢，再將報紙揉成團，擦拭濕的部分。報紙上的印刷油墨就可以讓玻璃變得更光亮。

2.舊報紙清理門窗露水。冬天窗戶上經常會結一層露水，不及時清理會弄髒門窗。只需在玻璃上貼張報紙即可解決這個問題。因

爲報紙具有非常好的吸水性，吸完水後，再將報紙揉成團，用來擦拭門窗玻璃，既去除了露水又清理了門窗，一舉兩得。

3.舊報紙爲被褥除濕。換季收藏被褥時，可在被子內側夾幾張報紙，用來吸取殘餘的濕氣，這樣就非常清爽乾淨，不用擔心被褥會受潮發黴了。

4.濕報紙可除塵。掃地時，把報紙弄濕，撕成碎片後撒在地上，塵土就不會四處飛揚了。

舊襪子巧利用

在所有的衣物中，襪子的更新頻率可以說是最高的，很多襪子被我們隨便扔在垃圾桶裡。其實很多生活小細節的問題，可以用襪子來解決。如：用破舊的絲襪或尼龍襪套在鞋刷上擦皮鞋，可以把皮鞋擦得很光亮；擦傢俱時，將抹布放入廢舊的絲襪內，擦得乾

淨又耐用；將殘碎的肥皂裝在破舊的襪子中，可以用來清潔水池；收藏衣物時，爲防止樟腦丸的味道沾染衣物，可以將樟腦丸放在舊棉襪中。

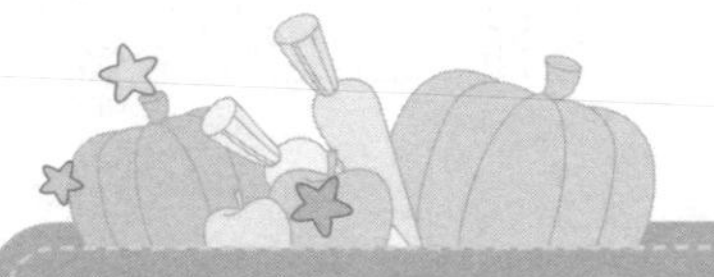

小相簿巧利用

到照相館洗照片，經常會得到贈送的小相簿，但是這些小相簿經常被當做沒用的東西閒置起來。其實，只要靈活運用，這些小相簿就能發揮作用。

1.可用來存放收據

用小相簿來裝各種收據，是相當便利的。由於它的透明性，可一目了然，收進拿出都很方便。也可將水電費、交際費、伙食費等分冊存放，是家庭收納的一個好方法。

2.當剪貼簿

報紙、雜誌上常看到喜歡的食譜等精彩文章，把它們剪下來後收藏到小相簿中，用小紙條記錄標題貼在邊角處以備日後查閱。

物品包裝巧利用

爲吸引消費者，一些裝果凍的塑膠包裝都做得非常可愛，有的上面還有拉鍊，這樣的包裝袋就可用來裝化妝品等小物品，由於袋子是透明的，尋找時可一目了然。

現在很多酒瓶的造型十分獨特，用來作花瓶非常合適，買一些乾燥花插在瓶子內就成了一件十分漂亮的裝飾品。

折疊傘的傘套可以用來收納捲好的襪子，還可在上面剪幾個孔方便透氣。

用過期面霜護理皮具

過期的面霜或乳液可用來護理皮鞋或皮包，不僅可以保護皮革，還具有防潮功效。

其中，油性面霜可代替鞋油。

自製小肥皂

將一些用剩的肥皂積攢起來，待達到一定數量時，放入不用的舊杯子中，滴入數滴甘油，使肥皂變軟。待悶了一會兒，溫度降低後，將肥皂取出按照自己喜歡的形狀隨意搓揉，

可愛的小肥皂就做好了。也可將多個顏色不同的小肥皂放入耐熱容器中，加入少許水，等泡漲了之後，放進微波爐內加熱，零碎的小肥皂就會結合在一起，形成斑爛多彩的漂亮香皂了。

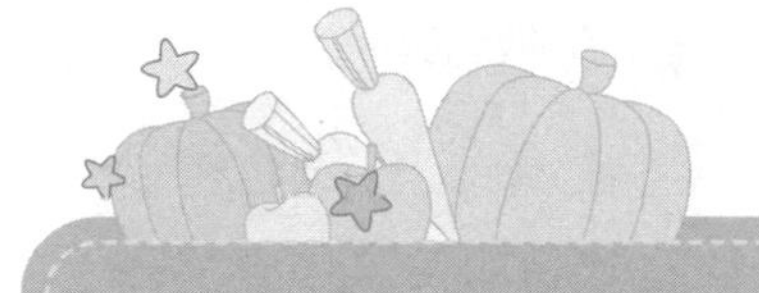

舊衣服的幾大用途

你家裡的舊衣服都是怎麼處理的呢？相信有很多人的回答是「壓箱底」。的確，舊衣服的處理一直是個問題，現在不用再爲處理家裡的舊衣服煩惱了，看看下面的辦法，學著做一些實用的小東西吧！

1.牛仔服做包

一般女士的外套質地和顏色都不錯，選沒有接縫的地方，剪下兩塊，先縫成一個圓桶，再把底部縫上。然後剪兩根5公分寬、30公分長的帶子，分別縫成兩指寬的包帶，再釘在包口。也可以釘

在包外面，用東西加以裝飾。你還可以做成你自己喜歡的形狀。這樣我們就可以用這個包去買菜了，既好看又方便，不用大袋小袋拎那麼多，又爲環保作了貢獻，減少了白色污染。

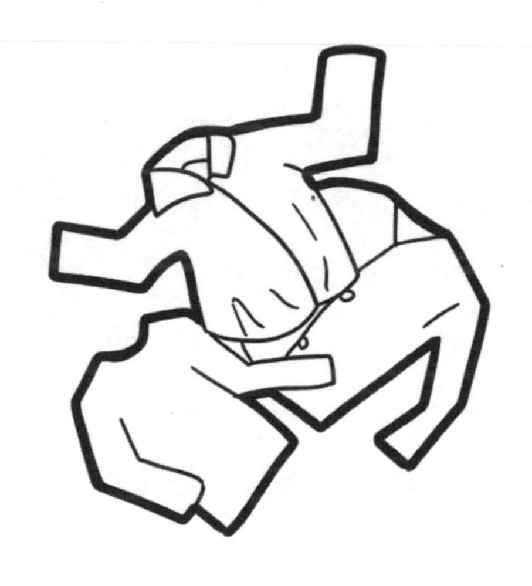

2.套頭衫做收納袋

剪掉套頭衫的袖子和領子，把有洞的地方縫起來，再釘上帶子就成了一個包，可以放換季的衣服或襪子。

3.棉質衣服做抹布

把衣服剪出你需要的大小，厚的將1～2層縫在一起，薄的用4層縫，接著在角上縫上繩子，不用時掛起來，能用來清潔傢俱，最好不要用來洗碗。

4.領子做髮帶

把內衣和羊毛衫的領子剪下來，可以做髮帶。如果太大了就去掉一節再縫上，把兩個袖口接在一起也可以。

5.袖子做護袖

把舊衣服的袖子剪下你需要的長度，在兩頭縫上鬆緊帶就成了一個護袖。

6.做寶寶的尿墊

選厚實的、大塊的、吸水性、透氣性好的布給寶寶做尿墊，記得有接縫的地方要拆開，中間夾些毛衣或是秋冬有厚度的衣料，縫結實。接觸皮膚的一面要用棉質、柔軟的衣料。

7.做孩子的圍兜

孩子吃飯時總會把衣服弄髒，非常難洗，這時候你就要挑一塊布給他（她）做一個圍兜。圍兜的形狀有月牙形的和方形的，月牙形的在兩頭縫兩根帶子，繫在寶寶的脖子上。方形的可以在四個角上縫四根帶子，兩根繫在脖子上，兩根從寶寶的腋下繫在身後。

8.褲子做門墊

把褲子沿縫剪成長方形，這樣就有四片布了，中間可以墊上夾層，然後縫合。放在門口，進門時在上面踩踩，腳上就乾淨了，不會再把地板弄髒。

巧用舊衣做紮染

想讓你的白色T恤白得更有特色嗎？有勇氣的話，用來做個紮染吧，按照下面的方法做，一次就能成功，試一下吧！

準備材料：白色棉質T恤、白色棉線或者塑膠繩、染料、剪刀。

步驟：

1.把T恤正中央的位置揪起來，用塑膠繩紮緊，其實用白棉繩最好，因爲這樣會把線的紋路也都紮染出來，形成獨特的花紋。

要訣：這段有線的地方一定要紮緊。

2.纏綁好的T恤需要在水裡煮，用來煮衣服的器皿可以是鐵製的，也可以是搪瓷盆。水開後，把染料倒進去。接著把衣服放進去。煮20分鐘就可以了。爲了衣服受色均勻，衣服在煮的期間要不停翻動。爲了防止掉色可以在煮的時候每隔10分鐘放一次鹽。

3.把煮好的T恤用冷水浸泡一下之後，把繩子剪開即可。

提示：做好的紮染衣服一定要陰乾，這樣也是避免掉色的方法之一。

舊領帶做雨傘套

雨傘套不小心弄丟了，沒有「衣服」的雨傘很容易變髒，找條舊領帶做個雨傘套就解決問題了。

1.找一條舊領帶，量一下傘的長短，剪斷領帶。

2.打開領帶中縫，把傘放在拆開的領帶上量「肥瘦」，再將領帶由窄而寬縫合起來。

3.把做好的傘套內裡翻出來，套入傘。看一下，呵，大小正合適。這下就不用擔心雨傘被弄髒了。

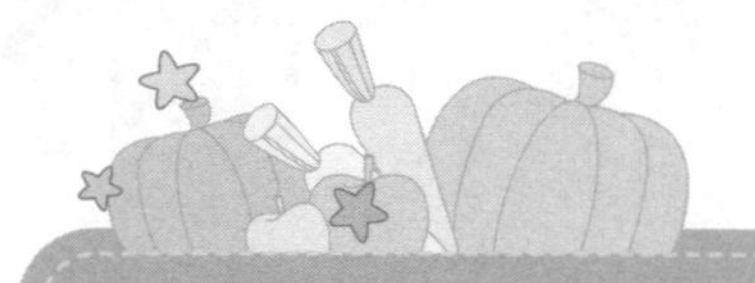

牛奶盒變身收納盒

收集平常喝完的同樣大小的鋁箔包裝或牛奶紙盒，將上方有吸管插孔的一面用剪刀剪掉，然後將它徹底洗乾淨、晾乾，若嫌單個盒子亂，可以利用雙面膠或保麗龍膠，把兩個(或更多)盒子黏貼在一起，做成你所適用的排列形狀即可。若有較充裕的盒子，更可以依照擺放於櫃子中位置的大小或櫃子的形狀來組合，這樣整理起來就可以更方便、更順手了。

廢瓶巧製儲物筒

家裡有很多小東西沒地方放？那就收集幾個空的飲料瓶或者是吃完薯片的小筒做成儲物筒吧，只需要簡單的加工一下就行。

小號的飲料瓶：將上面較細的部分剪掉，用雙面膠固定在牆上就是一個別緻的儲物筒，可以放梳子、髮飾等。

大號的飲料瓶：同樣去掉上面的部分，還可以在瓶身剪幾個孔形成一排，用來裝筷子或者化妝品是很好的選擇。

薯片筒：將薯片筒剪掉底，在牆上黏成一排，可以用來放塑膠袋，不同的筒放不同類型的塑膠袋，用時直接從下面抽出來就可以了。

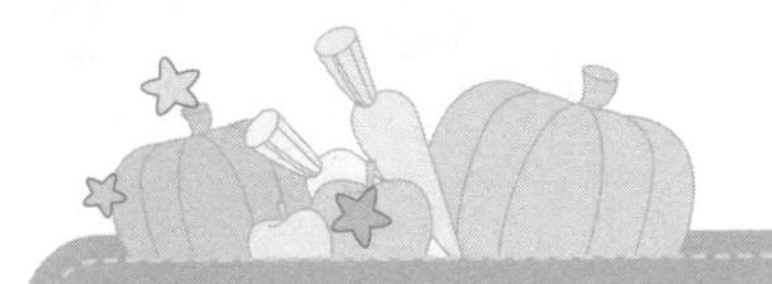

舊報紙做衣架

我們平時用的衣架不是各種金屬製的就是塑膠製的，可是你知道嗎，舊報紙也可以做成衣架，這聽起來有點不可思議，看看下面的方法就明白了。

準備材料：舊報紙、S鉤。

步驟：

1.把舊報紙捲成一根細棍。

2.用膠帶把兩邊口封好。

3.把小細棍放到衣服上，找到衣服肩膀處的兩個點，用手按住，接下來以這兩個點爲折點，把報紙棍兩端向上折。

要訣：折上去的這兩段，一定要調整到一樣的長度。如果它們的長度不等，做出來的衣架就會不穩定。

4.把兩端調整好以後，向中心交會，用膠帶把頂端黏牢，最後剪掉多餘的部分。

5.用S鉤就可以輕鬆地把衣服掛到衣櫥裡了。

廢棄傘面做手提袋

雨傘壞了多半是傘架出了問題，傘面還可以再充分利用哦！比如用它做一個包。

1.傘的頂端有一個起固定作用的傘帽，擰下傘帽，可看到傘面頂部有一圈線，先用剪刀把它挑開，再把線頭清理乾淨。

2.將傘骨與傘面完全分開。

3.沿著傘面的接縫處將傘面用力撕開，一個傘面就被分成了8片。以大邊拼小邊縫好，包的一面就做好了。

4.用同樣的方法再做袋子的另一面，將兩面縫在一起，再縫上兩根帶子做提手（短一些)或背帶(長一些)，利用舊傘面做的手提袋就完成了。

香蕉皮不只能絆倒人

BANANA PEELS ARE USEFUL

這樣也可以？

日常小問題不用愁

BANANA PEELS ARE USEFUL

妙招速速來幫你

Chapter.03

護膝固定小技巧

護膝可以保護膝蓋不受風寒，但是護膝戴上後經常會因行走摩擦而偏離膝蓋。你可以採取將護膝直接縫在內搭褲膝蓋部位的辦法將其固定。注意，縫時針腳不要太多，只固定四個點即可，以便於拆洗，既牢固又省事。

讓雙面膠掛鉤更牢固

黏在牆上的掛鉤經常會掉落，或者一掛重物就掉下來了。所以，黏掛鉤時，先用吹風機將牆壁吹熱，直到燙手的程度，然後迅

速將雙面膠掛鉤黏到牆壁上。這樣黏的掛鉤就會很牢固，可以負重2500克左右的重物。因爲受熱後的牆面能更好地將雙面膠融化並加強黏貼力。

這樣固定相框內照片

將一個或幾個橡皮筋放在照片後面再壓好玻璃板，照片就可以牢牢的固定了。因爲橡皮筋增大了照片與玻璃板之間的摩擦力。

不傷衣服別胸針法

如果將胸針別在單薄的襯衫上，往往會在衣服上留下比較明

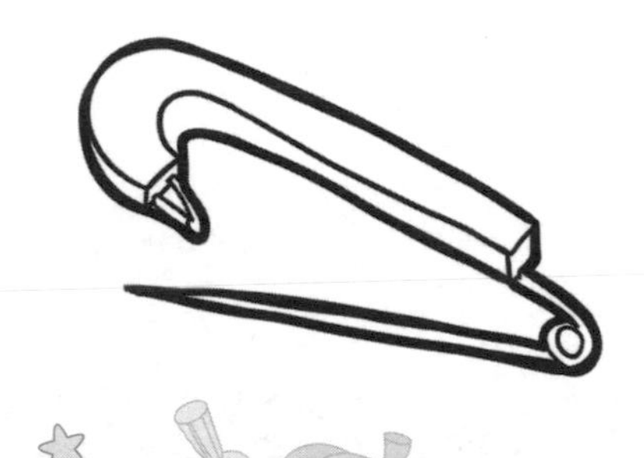

顯的痕跡。其實只要在衣服裡面黏上一塊醫用白膠布，再別上胸針，就不會對你的衣服造成傷害了。這個方法同樣適用於用胸針來別絲巾。

戴手鐲有竅門

如果手鐲的直徑小於你手一周的直徑，戴手鐲時可在手上套一隻塑膠袋，這樣套進退出都很容易。

生活小補丁

如果你的玉鐲不小心摔成了兩截，可先用保麗龍膠黏牢，接著在裂縫處包一層金或銀飾品。

快速解開糾結的項鍊

項鍊糾結在一起很難解開，你可先灑上一點爽身粉，讓鏈子因爽身粉而變得滑潤，就能輕鬆解開了。

穿鞋帶不易鬆脫的辦法

運動過程中，鞋帶鬆脫是常見的問題，有時還會把人絆倒。為了讓鞋帶不易鬆脫，可以先把兩條鞋帶繫一下，然後分別穿上一個小螺絲母，之後再按照普通的方法繫好即可。

小螺絲母對會對鞋帶形成一種拉力，讓鞋帶不會這麼容易就鬆掉。

愛美的女性也可以把螺絲母換成五顏六色的珠子、水晶等具有可愛造形的小飾品，在防止鞋帶鬆開的同時，還能起到裝飾的作用。

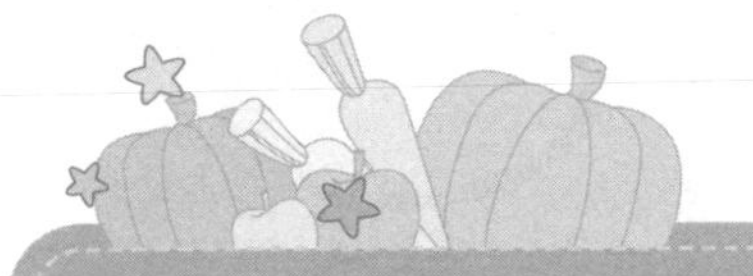

處理易滑鞋底三法

鞋子穿的時間長了，鞋底上的防滑紋就磨平了，很容易滑倒，用下面的方法處理一下吧！

1.用砂紙摩擦鞋底可大大減低滑倒的可能。

2.把生馬鈴薯切成兩半，以橫切面摩擦鞋底，就不會滑了。

3.在鞋底貼膠布，即使在下雨天也特別有效。

解決新鞋磨腳二法

有時候買的新鞋會磨腳後跟，有兩種方法可以解決這個問題：

1.在與腳跟接觸最多的部分抹上一層薄薄的香皂，鞋跟會因此變得光滑而不再磨腳。

2.在穿新鞋的前一個晚上，揉一團廢報紙在水裡泡好，擠乾水後塞進鞋後跟，第二天鞋子就不會磨腳了。

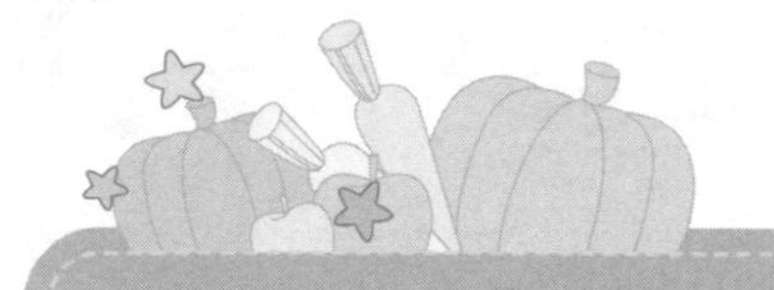

巧找膠帶頭

準備一個迴紋針，用手拉開迴紋針的一頭，卡在膠帶上，根據膠帶的實際寬度，用鉗子把迴紋針的另一頭拉直，然後把多出來的部分彎進去，將迴紋針做成一個小夾子，如同黑色小髮夾。然後將夾子夾在膠帶上，找到膠帶的接頭，將膠帶輕輕的搭在夾子上。下次要用的時候，只要推一下這個迴紋針做的小夾子，膠帶就很容易的揭開了。

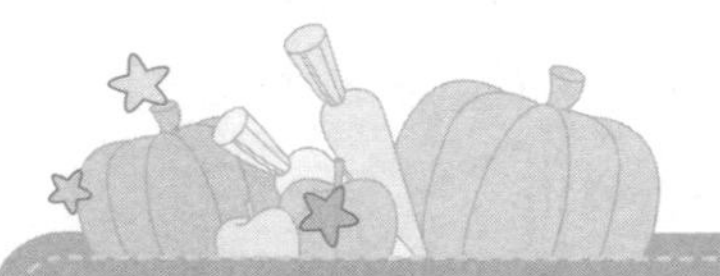

橡皮筋巧封食品袋

吃零食時，包裝打開後突然不想吃了，或者一次沒有吃完，如果不把袋子封好，袋裡的零食可能會受潮變味，怎麼辦呢？

找一個橡皮筋和一隻牙籤，先把袋口擰緊，把牙籤放在擰緊的袋口處，將橡皮筋套在牙籤的一頭，再繞著袋子纏幾圈，最後把橡皮筋的另一頭套在牙籤上，袋口就封緊了。再吃的時候，只要把牙籤一抽袋子就解開了，非常簡單。

去價標巧用吹風機

買禮盒送人時，帶著價標顯得很不體面，但那些價標偏偏都黏得很牢固，不容易撕掉。

其實只要用吹風機吹一會兒再撕，價標就會撕得很乾淨。

「凍揭」竹筷標籤

新買的竹筷上面的標籤很難撕下，不過如果把竹筷先放在冰箱冷凍一會兒再撕，就容易多了！

清理印章巧用口香糖

把嚼過的口香糖壓平整貼黏在印章表面，因爲口香糖的軟膠能伸縮自如，徹底黏起髒汙，取下時也一併除汙，因此就能維持圖章面的清潔了。

驅逐蚊子小妙招

下面幾個小妙招可以幫你輕鬆驅逐討厭的蚊子：

1.用香水噴蚊子，效果很好。

2.用泡維生素C和維生素B2的藥水塗抹皮膚，蚊子就不敢接近。

3.在室內掛上橘色的窗簾，或在燈罩上罩上橘色的玻璃紙，就能產生很好的驅蚊效果。因爲蚊子害怕橘紅色的光線。

4.蔥、茉莉花、米蘭、玫瑰、夜來香等都可驅除蚊蟲。

5.蒜頭的辛辣味可以驅蚊。

窗臺加水防白蟻

發現窗臺上有白蟻時，不要緊張，馬上倒些水在白蟻出沒的地方，白蟻就會逃之夭夭了。因爲白蟻的翅膀一遇水就無法動彈，而無翅膀的白蟻更無法在水中久留，別的小蟲很快就會把它們吃掉了。

冬季巧除身上靜電

秋冬時節，氣候乾燥，人們經常會被無處不在的靜電電到，怎樣消除這些如影隨形的靜電呢？

你可以在平時穿的拖鞋底腳跟中央的位置戳一個小洞，然後將兩枚圖釘分別從鞋內和鞋底插入小洞，針尖部分要相抵。出門時

穿底比較厚的鞋時則可以用大頭針如法炮製，注意把針尖的一頭在鞋底別個彎，以免傷到腳。這樣，討厭的靜電就從你的腳下溜走了。

　　也有比較簡單的方法，當你在外面坐車的時候，很可能在下車時被電到。可在下車前先用手摸著車門有鐵的地方，這樣靜電就都被傳導走了。在開門的時候，先握住手裡的鑰匙，同樣可以避免產生靜電。

生活小補丁

　　很多人的頭髮也會經常帶有靜電，這種情況就要注意勤洗頭，保持頭髮濕潤，衣服也要勤洗勤換。

怎樣端盤子不燙手

將盤子放在微波爐裡加熱剩菜時，爲防止水分流失，盤子上往往會罩上一層保鮮膜。加熱完畢，盤子會很燙，如果帶著微波專用手套去取，常常會被菜湯弄髒，墊著抹布來拿又不衛生。其實，在包保鮮膜的時候，你可以留兩個邊不要包，取出的時候就直接用手端這兩個邊，肯定不會燙手。

什麼樣的塑膠袋含毒

無毒的塑膠袋是用聚乙烯、聚丙烯和密胺等原料製成的，可以用來包裝食品。聚氯烯製成的塑膠袋有毒，不能用作食品包裝袋，要識別無毒的塑膠包裝袋的方法如下：

1.用手使勁抖動塑膠袋，發出清脆響聲的是無毒塑膠袋，而聲音小而悶的是有毒塑膠袋。

2.把塑膠袋放到水裡，用手將其按到水底，稍等片刻，浮出水面的即爲無毒塑膠袋，沉在水底的即是有毒塑膠袋。

3.用手撫摸塑膠袋表面，光滑的是無毒的，發黏、發澀的是有毒的。

因爲塑膠袋不易分解，會對環境造成很大污染，而且有健康隱患。所以，我們平時應儘量做到不使用塑膠袋盛放食品。買菜時可以自己帶個籃子或手提袋，迫不得已使用時，回家後也應儘快將塑膠袋中的食物取出，放到相對安全的器皿中。

牆上釘釘無裂痕妙招

想在牆上釘釘子，又不想出現裂痕嗎？那就要在釘釘子前先找一塊膠帶紙貼到牆上，然後再釘，釘好後撕下膠帶紙牆上就不會出現裂痕了。

牙膏貼畫不留痕

黏在家裡牆上的貼畫，不管是用膠帶還是用膠水，取下時都會留下痕跡，損傷牆壁。不過，只要把貼畫的膠水換成牙膏就可以了。不管貼了多長時間的畫，取下時都不會在牆壁上留下痕跡。

尼龍毛刷巧復原

尼龍毛刷用的時間長了，上面的毛多半就會倒了，影響使用。這時候你是不是多半會選擇扔掉舊的，再買一個新的毛刷呢？其實大可不必，你只要準備一根金屬包裝線，毛刷就能神奇復原。

將已經歪倒的刷毛扶正，用金屬包裝線綁住固定，然後把毛刷浸入開水中泡20分鐘左右，再迅速放入冷水中。這時，將金屬包裝線取下，你會發現刷毛真的像以前那樣立起來了。這種方法也適用於其他的尼龍毛刷製品。

夜光塗料復原法

夜光塗料用過一段時間後就變得不太亮了，沒關係，你只需將夜光塗料靠近燈泡照幾秒鐘，夜光塗料就可恢復原來的明晰。

注意：燈泡的光量只需40瓦或60瓦即可。

錫箔紙使檯燈增亮

將錫箔紙對折，剪出一個半圓，然後在中間部分剪小半圓，展開後呈一個圓圈，將剪好的錫箔紙用雙面膠貼在燈罩內即可。

生活小補丁

將二、三張鋁箔紙疊在一起，用剪刀剪一剪，可使剪刀恢復銳利。

小辦法抽出重疊玻璃杯

重疊的玻璃杯有時候很不容易抽出，這時可在內杯加冷水，外側的杯子浸在溫水中，使二者產生溫差，就可順利抽出。另外也可在重疊處用洗碗精或肥皂潤滑，以方便取出。

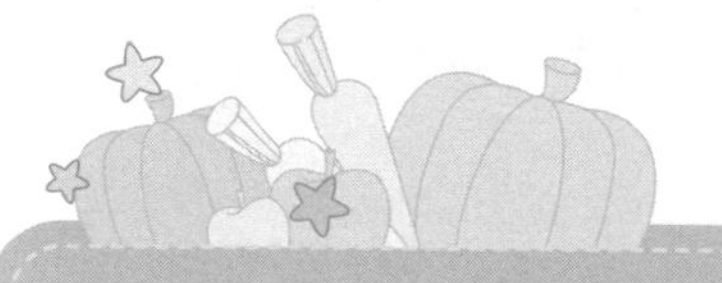

風扇加冰塊，效果超空調

很多人認爲空調比風扇更涼快。其實，風扇也能夠製造出和空調一樣的效果。

首先拿一個深一點的盤子，放上一些冰塊，最好是小塊的，

然後放在電扇前面。在一個10平方公尺左右的房子裡，你就會感覺像開了空調一樣，而且還不會氣悶。

幼兒在吹電風扇時一定要穿衣褲，如果室內溫度較高，至少胸腹部要圍上一個兜肚，以防腹部受涼而造成腹痛、腹瀉。

修理漏水水管三法

水管漏水會造成很大的浪費，還會增加不必要的開支，解決

這個問題有三種方法：

1.將舊的自行車內胎剪成長條，放在水管漏水處用繩子和鐵線包紮捆緊即可。

2.用水泥與石膏按100：5的比例調和，再加入適量水攪拌均勻，塗於水管漏水處，3小時左右即可凝固。這期間水管要停用，避免沾水。

3.把合適的木塞，堵在水管的洞眼上，將木塞打實，直到洞眼不再漏水。

矽膠去除錶內積水

手錶進水了，可將矽膠與積水的手錶一起放進密閉容器內，數小時後取出，積水即會消失。此法對手錶的精確度和壽命均無任何損害，吸水後的矽膠在120℃下乾燥數小時後，還能重覆使用。

精緻生活小招數

1.咖啡濃香煙灰缸：在洗淨的煙灰缸裡鋪放一層咖啡渣，可使煙灰缸充滿咖啡香味，還易於清潔。

2.整齊劃一切蛋糕：將刀子放在爐火上烘烤片刻或浸在熱水裡，再切蛋糕時就會切得比較整齊，不黏刀。

3.金屬勺保護瓷器：在瓷器中放一個金屬勺吸收一部分熱量，可避免瓷器因過熱而破碎。

4.研磨最佳咖啡豆：想要泡出香濃美味的咖啡，研磨咖啡豆非常關鍵。只要用咖啡豆磨具每月研磨一小杯白米就可以清潔其中的殘留物，還能讓咖啡豆磨具更鋒利，磨出來的咖啡豆才會處於最佳狀態。

這樣喝啤酒更美味

有人認爲啤酒非常好喝，有人說啤酒真是難喝，造成如此大差距的原因除個人口味不同外，可能與喝啤酒的方式有關。下面就介紹一下怎樣喝啤酒才是正確的。

1.要保持啤酒充足的泡沫。啤酒中的泡沫可使啤酒花的苦味和酒精的刺激性變得柔和，增加飲後的爽快感。泡沫還可減弱空氣對啤酒的氧化，保持啤酒口味。

所以倒酒時，不要考慮減少啤酒泡沫的問題。因爲，沒有泡沫的啤酒，口感已經大打折扣了。

2.保存啤酒的適宜溫度。啤酒應存放在10℃左右的環境中，溫度過高，泡沫多而不持久，過低則泡沫減少並加重苦味。

3.喝啤酒要用大杯。喝啤酒時儘量用大杯，以確保啤酒不至急劇升溫。

此外，喝啤酒時應該大口喝下，也是爲了避免啤酒在口中升溫，影響口味。

4.喝啤酒時嘴勿沾油。油是啤酒泡沫的大敵，所以，在喝啤酒之前擦一下嘴也是保持啤酒泡沫和風味的竅門。

瞭解了這些喝啤酒的方式，你可以再去品嘗一下啤酒，看看會不會出現不同的感受。

奇異果快速催熟法

將奇異果、蘋果和梨一起放入一個塑膠袋中，把塑膠袋封口紮緊，放置兩天後，原本很硬的奇異果就變軟

熟透了。這是因爲，蘋果和梨中的乙烯類氣體，有很強的催熟功能。柿子也可以用這種辦法催熟。

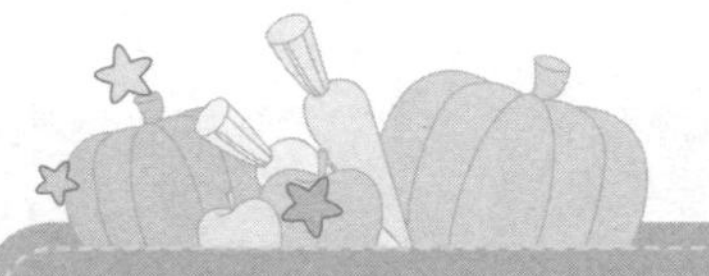

讓硬月餅重新變軟

中秋節一過，月餅剩下一堆，沒過幾天就發乾變硬了。有沒有辦法能讓月餅恢復酥軟，吃起來就像剛買來的一樣呢？

1.在乾月餅表面灑幾滴冷開水。

2.把月餅直接放在電鍋裡，蓋上蓋子，按下閥門開始加熱。只需要短短5分鐘，閥門就自動彈起來了，將蓋子

打開，剛才還硬邦邦的月餅，已經恢復原來的酥軟了。

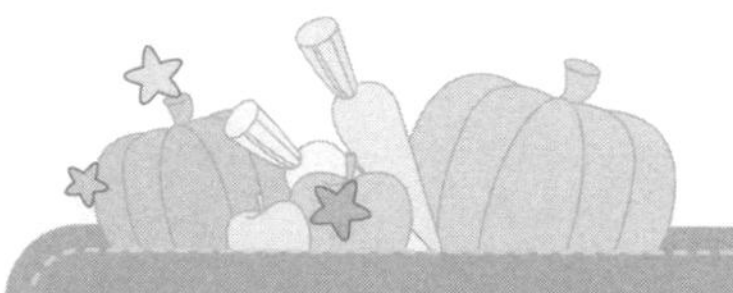

奶粉加白糖沖時不結塊

沖奶粉時，水太熱了奶粉會結塊，給寶寶吃時就可能堵住奶嘴。如何沖奶粉才能不結塊呢？

在杯子中放入奶粉後，再加入少許白糖，一般3勺奶粉加半勺糖。把奶粉和白糖攪勻，再倒入開水，然後稍加攪拌。這樣，奶粉就會徹底溶解，不會結塊了。

剝荔枝和板栗的技巧

剝荔枝時，先找到荔枝上暗藏的一條規律線，用指甲在線上輕輕的掐開一點縫，然後再把縫擠大，再用兩個大拇指一掰，就能將荔枝完整剝開，而且不會弄髒手指。

板栗的殼比較硬一些，剝的時候先橫著掐開一條縫，然後，把縫捏大，用手指把一邊的殼掰去，再把果仁從另一半皮中摳出，這樣比較好剝，果仁也不易被掰碎。

愛吃荔枝和板栗的人可以試一下哦！

快速去除口中蒜味

每次吃完大蒜，嘴裡殘留的味道久久不散，尤其在公眾場合，是十分尷尬且非常不禮貌的舉止。為了消除這種氣味，你可以試一下這幾種方法。

牛奶：吃大蒜後的口氣難聞，喝一杯牛奶，大蒜臭味即可消除。

檸檬：性酸，味微苦，具有生津、止渴、祛暑的功效。可在一杯沸水裡，加入一些薄荷，同時加上一些新鮮檸檬汁飲用，可去口臭。

柚子：性酸，味寒，有消食健脾、芳香除臭的功效。取食新鮮柚子瓣，可去胃中惡氣，消除口中異味，並且，柚子還有解酒毒的功效。

山楂：性酸，味微甘平，拿來與冰糖同煮有散淤消積、清胃、除口臭的功效。

優酪乳凍後不浪費

小盒裝的優酪乳蓋上面總沾著一層優酪乳凍，很多人在喝完盒中的優酪乳後，就直接扔掉厚厚的一層優酪乳凍，這樣就浪費了。那麼，怎樣才能讓優酪乳不沾蓋呢？

優酪乳買回來後，先放在冰箱的冷凍室裡凍50分鐘，再放進冰箱的冷藏室裡保存就可以了。取優酪乳時只要注意把優酪乳瓶拿正，再撕開蓋子，上面就不會沾有優酪乳了。

這樣倒袋裝醋不浪費

把袋裝醋往醋瓶子裡倒時，經常會浪費很多。怎樣才能把袋子裡的醋毫不浪費地轉移到瓶子裡呢？

1.把醋袋子立著放進杯子裡，露出兩個角。讓袋子的兩個角和杯把位於同一直線上。

2.用乾淨的剪刀在醋袋子的一角上剪個直徑1公分左右的口。然後，端著杯子就像倒水一樣把醋倒進瓶子裡，醋就會乖乖地流進瓶子裡，一點兒也不會漏出來。

3.待袋子裡的醋大約還剩三分之一的時候，在另外一個角上再剪一個口，讓外面的空氣進到袋子裡，使袋子內外壓力平衡，袋子裡的醋就倒得更乾淨了。

巧用米湯補砂鍋眼

新買來的砂鍋一般會有砂鍋眼，如果不經過處理可能會漏水。另外，砂鍋在第一次用的時候，如果不注意火候，就可能出現裂口。所以，新買來的砂鍋在使用前，先放上一些食用米或糯米，然後裝滿一砂鍋水，用小火煮1個小時左右。這樣，水裡的澱粉就會堵住砂鍋眼，讓砂鍋變得更密實，以後再用，既不會漏水，也不會出現裂口。

生活小補丁

煮熱的砂鍋離火後不要直接放在水泥地上，而應放在木製或鐵製三腳架上，否則砂鍋會因冷卻不均勻而裂開。

小木槌除棗核

烹調紅棗時，經常需要將棗核除去。你可以選一塊約10公分見方，4公分厚的小木頭，在正中挖出與紅棗核直徑差不多的孔，1公分深即可；再用左手豎拿紅棗對準小眼，右手拿1把小木槌在大紅棗的頂部向下敲一下；然後再用1根竹筷頭在紅棗的一端向另一端頂一下，棗核就被頂出了。試一試，很簡單的。

麵團清除碎玻璃

玻璃杯如果不慎摔碎在地面上，又細又碎的玻璃渣掉入地面縫隙裡，清理起來很麻煩。這時，你只要把小麵團在手中拍成一個小圓餅狀，在地面及地面的縫隙裡黏一黏即可。

鉛筆末巧開鏽鎖

鏽鎖不好開了，可在裡面放一些鉛筆末。先把白紙墊在桌子上，把鉛筆芯削成粉末倒在鎖眼裡，也可以把鉛筆芯塗在鑰匙上，然後將鑰匙插進去。這樣反覆多插幾次，讓鑰匙和鎖之間充分潤滑，就可以破壞掉鐵銹，把鎖慢慢擰開了。

肥皂水幫眼鏡防霧

將用剩的肥皂塊泡在溫水裡，做成肥皂水均勻的塗抹在眼鏡的鏡片上，然後用眼鏡布輕輕擦乾淨。這樣，你的眼鏡就不會經常起霧了。因爲肥皂含有油脂成分，將肥皂水塗抹在鏡片上，鏡片就不容易沾上水汽。這種方法也可以用在家庭浴室和汽車的鏡面防霧上。

治療自行車洩氣

冬天的時候，自行車經常會洩氣，試試下面的方法，你就不用再對著癟掉的自行車胎乾著急了。

先把膠水均勻塗抹在自行車氣門芯上，但不要讓膠水堵住氣孔，塗抹好後立即把氣門芯安裝到自行車上，這樣就可以防止洩氣了。因爲自行車上的氣門芯是用人工合成的橡膠做的，有熱脹冷縮的特性，天一冷就達不到密封作用了。而膠水則把冷縮的縫隙黏住了，自行車自然就不會洩氣了。

小夾子使漱口杯遠離水垢

漱口杯結水垢很不衛生，但經常更換漱口杯也不好，看看小夾子是怎樣解決這個問題的。用兩根小夾子夾住杯子把手，成90度，將杯子倒著支撐來即可，這樣漱口杯裡就不會有積水，當然也就不會結水垢了。

妙招巧拔螺絲釘

拔螺絲釘時，可用吹風機將螺絲釘吹熱，使其受熱膨脹，等螺絲釘再冷卻後就很容易拔出了。如果螺絲釘生銹了，則可以用碎布沾上碳酸飲料，貼在生銹的螺絲釘上，幾分鐘後再拔就很容易了。因爲碳酸飲料裡的酸性物質可以讓生銹的螺絲釘潤滑鬆動。

濕紙鈔巧復原

洗衣服時，口袋裡的錢忘了拿出來，待發現時錢已經洗皺了，這時可千萬不要硬扯，可能會把錢扯破。該怎麼辦呢？你可以把醬糊和水按1：3的比例混合調勻，均勻塗抹在錢幣表面；然後把熨斗調到低溫，將皺濕的紙鈔鋪在熨衣板上，迅速地來回熨幾次，紙鈔就很快像以前那樣堅挺了。

照片污漬巧清潔

首先清潔照片上的手印。你需要準備一盆清水，我們先把沾有手印的照片放到清水中，然後用棉棒或者紙巾輕輕擦拭。

提示：第一，在水中清洗照片時，一定要輕輕觸摸照片，千

萬不要用力揉搓；第二，照片在水中浸泡的時間不要太長，下水後立刻擦拭，否則就會損壞照片的顏色。

經過擦拭，你會發現，在水的作用下，照片上的手印不見了。接下來把照片取出，黏貼在鏡子上，這樣可以防止照片捲曲變形，然後用吹風機的熱風將照片吹乾。

提示：第一，吹風機距離照片不能太近，要保持30公分左右的距離；第二，熱風的溫度最好控制在低溫或中溫，不要太熱。

等到照片表面乾了以後，將照片從鏡子上取下，放在平面上，接著再用吹風機吹乾照片的另一面，同樣吹風機的溫度不要過高，並且距離照片30公分左右。經過這樣的處理，你會發現，照片上的手印沒有了，照片依然完好如初。

同樣的方法還可以去除照片上的筆跡。首先把照片放入清水中，同時用棉棒輕輕擦拭，很快照片上的筆跡就消失得無影無蹤了。然後，按照上面的方法用吹風機將照片吹乾。經過這樣的處理，照片上的筆跡消失了，一張有意義的照片又恢復了它原來的樣子。

經過多次實驗，我們發現，使用同樣的方法還可以去除照片表面的番茄汁和牛奶液。但是對於紅茶和咖啡等污漬，按照上面的方法清洗後，顏色較淺的地方依然會留下痕跡，但在顏色較深的地方就不會留下痕跡。

那爲什麼只要在水中輕輕的擦拭就可以去除污漬呢？其實這是利用了照片的構造。實際上，如果對照片的橫斷面做分析的話，就會發現照片可以分成印畫紙以及色層紙兩個層面。而且，爲了防止照片變色，它的表面有一層透明濾光紙，濾光紙具有溶於水的特性，如果用濕布擦拭污漬，這部分的濾光紙就會變軟，從而變形留下痕跡。但是如果將照片整個放進水裡，照片表面的濾光紙就全部軟化，就算有所摩擦也很難變形，所以就能很容易的去除污漬了。

最後還要提醒你注意的是，用數位相機拍攝後洗出來的照片不適用於這種方法，因爲它所使用的相紙不是這種普通相紙。

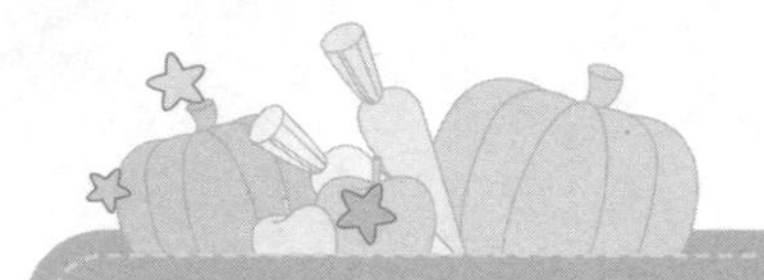

書本巧翻新

書本被弄濕或弄髒了該怎麼辦呢？看看下面的辦法吧！

1.清除書本油漬：如果書本上不慎沾染了油漬，應先在油漬上放1張吸水紙吸取，再用熨斗輕輕熨燙幾遍，書頁就可恢復平整乾淨。

2.清除書本墨水漬：在染墨水的書頁下墊1張吸水紙，用20%的雙氧水溶液浸濕汙斑，然後在書頁上再放1張吸水紙，上面壓以重物，用雙氧水將墨水印記吸收。

3.如果書本被水弄濕，應用明礬溶液塗洗：或者把書頁上的水稍稍抹乾，再放進冰箱，冷凍

十幾個小時之後即可平整如新，一點皺痕都沒有。

4.清除書本上的鐵鏽斑漬：用草酸或檸檬酸液擦去，然後用水清洗書頁，再用吸水紙壓好曬乾即可。

香蕉皮不只能絆倒 這樣也可以?

BANANA PEELS ARE USEFUL

服飾選購與保養

BANANA PEELS ARE USEFUL

奇思妙想解難題

Chapter.04

真假羽絨巧識別

羽絨製品輕便舒適，透氣性與保暖性好，不論是做衣服還是做棉被都是不錯的選擇，羽絨衣更是我們在嚴冬時的依賴。可是你知道嗎？羽絨也有真假，如果不仔細分辨，你買到的羽絨衣或羽絨被可能就是假的哦！

有的假羽絨製品是用合成棉加少許羽絨製成的，這種羽絨製品往往是外層的中間鋪一層羽絨，而內裡的地方鋪合成棉。買時用手裡外仔細摸一摸，如一面摸出一些毛梗，而另一面非常柔軟平滑，就要考慮可能是假冒的產品。也可以用雙手分別從內外的同一部位把其中的填充物向同一方向拍打，如果是真羽絨製品，就會因拍趕而使一部分羽絨集中，而另一部分在有陽光的地方一照就會透亮。如果是鋪有合成棉的假羽絨製品，就不會出現這種情況。

也有的羽絨製品是用未處理過的原毛製成的，這類羽絨製品聞上去有一股腥氣，用手一拍還會有塵土飛揚或布料上出現塵汙痕

跡，不應選擇。

還有一種用粉碎絨製作的羽絨製品，其含絨量多在50%～70%之間，其他成分則多是細羽絨毛片。這類羽絨製品的手感十分柔軟，摸不到一點毛梗子，掂在手裡的感覺也不像正宗羽絨製品一樣的輕柔，而是比較沉重。用手輕拍時，用粉碎羽絨製成的羽絨製品蓬鬆度差，形如棉絮。

羽絨製品多爲衣服、棉被等貼身用品，其真僞與否會對健康造成直接影響，一定要謹慎選購。

巧選羊毛內衣

內衣對舒適感的要求最高，選購羊毛內衣時，要首選毛紗較細的，這種內衣手感柔軟，看上去平整光滑，比較符合內衣的穿著需要。那些摸上去厚重、粗糙的則不適合做內衣，穿上後會有紮刺

的感覺。

合適的羊毛內衣還應具有良好的彈性，貼身而不「緊身」。螺紋組織彈性好，是內衣產品的較好選擇。而且，羊毛內衣要貼身穿著，只有沒經過化學染色的純天然原料才能給人體最好的保護，所以應選擇以毛紗本色爲主的。另外，內衣要經常換洗，最好選擇經過防縮處理的羊毛內衣，防止洗後縮水變形。

衣物污漬大清除

1.除墨漬：新漬先用溫洗滌液洗，再用米飯粒塗於汙處輕輕搓揉即可。陳漬在用溫洗滌液洗後，應把酒精、肥皂、牙膏混合製成的糊狀物塗在汙處，雙手反覆揉搓即可除去。

2.除漆漬：在剛沾上漆漬的衣服正反兩面塗上清涼油，幾分鐘後，用棉球順著衣料的布紋擦幾下，漆漬便可清除。如是陳漆漬，

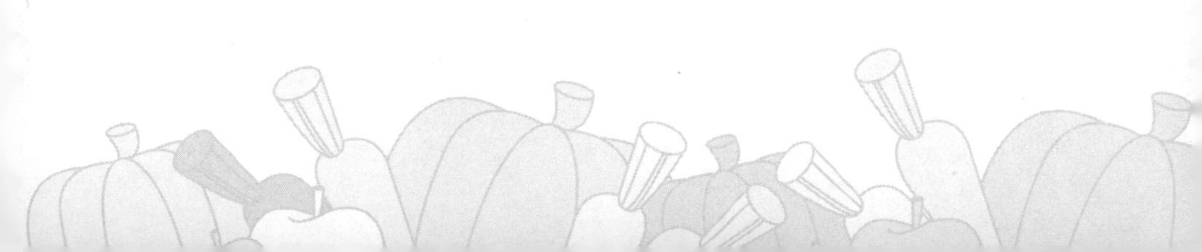

要多塗些清涼油，待漆皮起皺後剝下，再將衣服洗一遍即可。或者在衣服沾有乾油漆處滴些醋，再滴上幾滴洗衣精一起搓，並馬上用水清洗即可除去。

3.除菜湯漬：剛沾上的菜湯漬可立即泡入冷水內約5～10分鐘，在污漬處擦些肥皂輕輕揉搓即除。較陳舊的用小刷子蘸汽油塗擦汙處，去其油脂，然後把污漬浸泡在1：5的氨水溶液內輕輕搓揉。

4.除口紅印：先用小刷子蘸汽油輕輕刷拭，去掉油脂後，再用洗滌液洗除。嚴重的可先在汽油裡浸泡揉洗，再用洗滌液洗除。

5.除柿子斑：沾上柿子斑後，應立即用葡萄酒加些濃鹽水一起揉搓，然後用溫水洗滌液洗除。

6.除食用醋、醬油漬：一般衣服上的食用醋、醬油污漬，可用少量藕汁揉搓，再用清水洗淨。另外，用白糖和蘇打粉也能除掉衣服上的醬油漬。

7.除茶水、咖啡漬：可用漂白劑或酒精擦拭。

8.除原子筆油漬：先把衣服用肥皂洗一遍，然後用95%的酒精擦洗。

9.除汗漬：用少量冬瓜汁搓洗可除。或者先用刷子塗上洗髮精，或擦上刮鬍膏後靜置4～5分鐘再洗，即可順利除去。

10.除油漬：取一片蘿蔔擦拭油污處，然後再用熱水洗淨。

11.除果汁漬：棉毛織品上的果汁污漬，可用少量稀釋的氨水搓揉，然後用清水洗淨。

12.除污泥漬：用少量馬鈴薯汁先擦後清洗。

13.除油煙漬：可用少量西瓜汁搓洗，效果明顯。

14.除血漬：先用雙氧水擦拭污漬，然後再用酒精或清水漂洗。

15.除鞋油漬：可用少許汽油擦洗衣服上的汙處，然後用清水洗淨。

16.除碘酒漬：用麵粉塗抹汙處，片刻後用清水洗淨。也可用

小蘇打溶液或氨類溶液擦拭。另外，將衣物置於沸水中浸泡，也可除去。

17.除鐵銹漬：用檸檬汁和食鹽的混合物抹在汙處，搓一搓，再用水洗兩次，鐵銹便可除掉。或者用2%的草酸溶液在50℃左右溫水中洗滌，然後用清水漂淨。也可用3～4粒維生素C藥片碾成粉末後，撒在浸濕的衣服汙處，然後用水搓洗幾次去除。如是鐵銹陳漬，可用10%的草酸、檸檬酸加水混合將沾鏽處浸濕，然後浸於濃鹽水中，1天後洗淨即可。

18.除煤油漬：用橘子皮擦抹汙處，再用清水漂洗乾淨即可。

19.除墨水漬：如是藍墨水，應先用洗衣粉洗，然後用10%的酒精溶液洗除。也可用少量牛奶搓揉後清洗。如爲紅墨水，則先在冷水內浸泡，再擦肥皂反覆搓揉，然後用高錳酸鉀液洗掉殘跡。

20.除尿漬：新尿漬用溫水洗除；陳年尿漬用28%的氨水和酒精（1：1）的混合液洗除。

21.除指甲油漬：先將酒精、松節油擦在污漬處，再用肥皂搓洗即可。

22.除染髮劑污漬：將食用米醋塗抹在沾染上黑色染髮劑的衣物上，過10分鐘左右再用肥皂進行清洗，污漬會很快洗淨，且不留痕跡。

衣服黴點巧去除

天氣悶熱潮濕時，洗過的衣服很容易長黴點，影響美觀。下面教你幾個針對不同材質衣服去除黴點的辦法：

1.絲綢衣服上的黴斑：輕微的可用軟刷子將黴斑輕輕刷去，較重的刷時可噴灑些稀釋的氨水；白色絲綢衣服則要用50%的酒精擦拭，然後用清水洗淨。

2.化纖衣服上的黴斑：要用50%酒精、5%氨水或松節油擦拭。實在難以除去的要先用肥皂、酒精混合液擦拭，再用雙氧水擦拭，最後用清水洗淨，黴點就去掉了。

3.呢絨衣服出現黴點：可先把衣服放在陽光下曬幾個小時，等乾燥後將黴點用刷子輕輕刷掉就可以了。如果是由於油漬、汗漬而引起的發黴，可以用軟毛刷蘸些汽油，在有黴點的地方反覆刷洗，然後用乾淨的毛巾反覆擦幾遍，放在通風處晾乾即可。

4.化纖衣服上生了黴斑：可用刷子蘸一些濃肥皂水刷洗，再用溫水沖洗一遍，黴斑就可除掉。

5.皮革衣服上的黴斑：可先用毛巾蘸些肥皂水反覆擦拭，去掉污垢後，立即用清水漂洗，然後晾乾，再塗上一些皮革保養油就可以了。

6.棉質衣服出現黴斑：可用幾根綠豆芽，在黴斑處反覆揉搓，然後用清水漂洗乾淨，黴點就會消失。

生活小補丁

衣服有黴味了，可以在清水中加入兩勺醋和半瓶牛奶，把衣服放入水中浸泡10分鐘，讓醋和牛奶吸附掉衣服上的黴味，然後用清水沖洗乾淨，黴味就沒有了。

衣物互染巧補救

洗衣服時，將不同顏色、質料的衣服放在一起洗，或者是在晾曬時擠在了一起，就可能會出現衣服顏色互染的情況。一旦出現互染，可先將被染的衣物放在盆中，用清水泡一泡，除去水，把剛煮開的肥皂水、鹼水直接倒入盆中，泡10分鐘左右，再用手輕輕揉一揉，即可恢復原色。

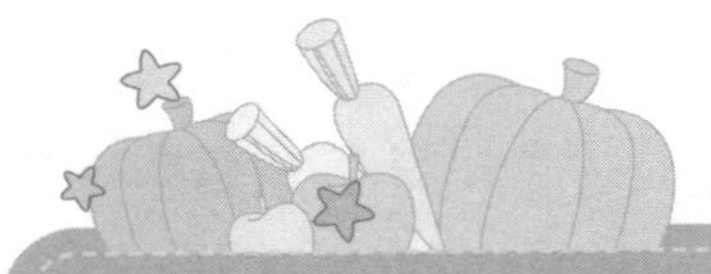

洗衣不褪色的方法

1.新買的純棉背心、汗衫：用開水浸洗後再穿，或在洗衣服的水中加兩匙食鹽可確保棉質衣物耐磨且不褪色。

2.毛衣洗滌時易褪色：可以用涼茶水先將毛衣浸泡10分鐘，再

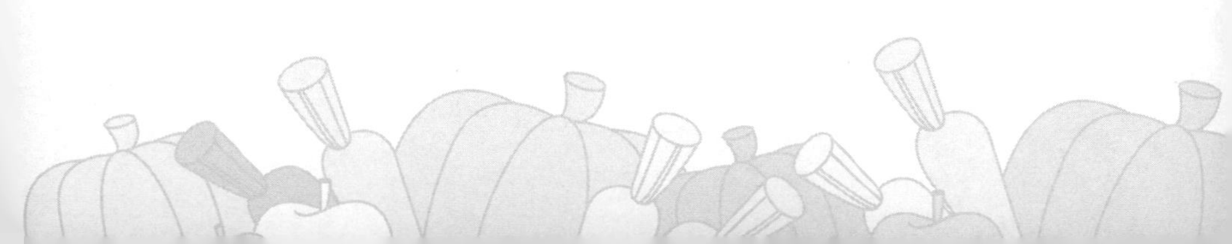

按一般洗滌方法洗滌，這樣毛衣不但能洗得乾淨，而且不會褪色，還能延長穿用年限。

3.牛仔褲洗時易褪色：洗前先將其放在冷的濃鹽水中浸泡約2小時，再用肥皂洗滌就不易褪色了。對於褪色嚴重的可以浸在鹽水中24小時，再用肥皂洗滌。

4.洗易褪色的衣服：可先將衣物放入鹽水中泡上約30分鐘，然後用清水洗淨，再按一般洗滌方法洗滌，這樣就可以防止衣服褪色。

5.有色衣料褪色會影響其美觀：染料大多易在水中溶化，潮濕狀態下染料在陽光的作用下也易褪色；染料和纖維紋路結合得不夠牢固，洗滌時也會褪色。所以，爲了使衣料不褪色，除了應注意洗滌時不要在熱水、肥皂水、鹼水中長時間浸

泡，不要用洗衣板或洗衣刷搓刷外，洗滌時可在水中放些鹽，再用清水漂洗乾淨，這樣可以防止有色衣料褪色。

生活小補丁

為使衣料不掉顏色，一是洗得勤，洗得輕；二是用肥皂水和鹼水洗的話，必須在水裡放些鹽（一桶水一小匙）；三是洗後要馬上用清水漂洗乾淨，不要使肥皂或鹼久浸或殘留在衣料中；四是不要在陽光下曝曬，應放在陰涼通風處晾乾。

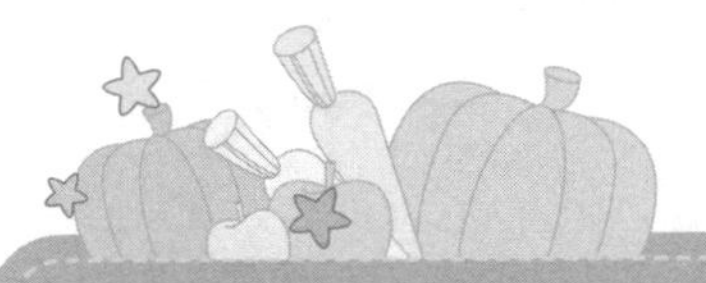

白色衣物巧復原

夏天，很多人喜歡穿清爽的白色衣物，但是經過一整個夏天汗水的浸泡和日曬，白色衣物很容易發黃。如何讓白色衣物恢復原來的亮麗呢？跟著下面的方法做吧！

1.用漂白劑漂白。

2.在盆裡接入一些涼水，以能浸沒衣服爲宜。然後，在盆裡倒一些雙氧水攪均勻，雙氧水和水的比例是1：10，再把衣服放進水裡浸泡約5分鐘。最後洗淨即可。

3.把衣服浸濕後，用肥皂洗一遍，清洗乾淨。接下來，再塗一遍肥皂，搓揉幾下，使衣服上均勻的粘上肥皂。然後，把粘有肥皂的衣服放入一個透明的塑膠袋，放在陽光照射的地方，曬上一個小時，中途翻一下面，使塑膠袋裡的衣服充分曬到。最後，清洗乾淨就可以了。晾乾後的衣服就會比原來潔白很多。

4.將菠菜放入滾水中汆燙3分鐘後撈起來，把白色衣服放在燙完菠菜剩下的水裡搓揉2分鐘，再浸泡5分鐘後撈出來，按正常的洗衣程式洗滌、晾曬，晾乾後的白色衣服就更亮麗了。

5.如想讓白色的絲綢襯衣變得更白，可將白綢襯衣放入洗米水中泡2～3天（每天換1次水），然後取出用冷水清洗，晾乾後的白綢襯衣就會光潔如新。如將洗米水用檸檬汁代替，效果會更好。

生活小補丁

呢料衣服不易髒，不用經常水洗，以免縮水變形。但是，呢料衣服非常容易沾染灰塵，此時，可用一把專門刷衣服的刷子將表面的灰塵彈去，然後晾曬，以免蟲蛀。

巧洗襯衫領口、袖口

襯衫領子和袖口極易沾汙，且很難洗淨，下面就介紹幾種洗淨襯衫袖口和領口的方法：

1.可在衣領和袖口處均勻的塗上一些牙膏，用刷子輕輕刷洗，再用清水漂淨，即可去汙。

2.在衣領上先撒一些食鹽，輕輕揉搓，然後再用肥皂清洗，也可去除污垢。

3.洗襯衫領口，還可以取50毫升無水酒精兌入100毫升四氯化

碳中，灌裝在噴霧器裡均勻的噴塗在污痕上，用毛筆稍加拂拭，污垢便可除去，待藥液揮發後，再將襯衫放入洗衣機內按常規洗滌，即可獲得滿意的清潔效果。

4.用小刷子蘸上洗潔精，刷在衣領及袖口的汗漬上，然後把衣服放進洗衣機裡洗，便可除淨污垢。

5.領口及袖口的汗漬也可用衣領精洗，在衣領髒處噴少許衣領精，幾分鐘後搓洗或刷洗，污垢去除後用清水漂淨。

生活小補丁

在洗淨晾乾的襯衫領口、袖口上，用粉撲沾上嬰兒爽身粉拍打幾下，然後用電熨斗輕輕的壓一壓，接著再拍打幾下爽身粉，下次洗滌時，便會很容易的清洗乾淨。

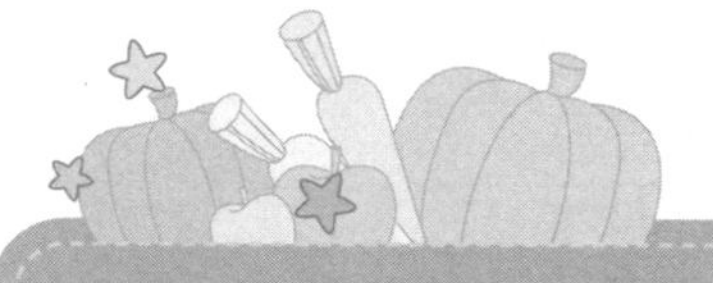

冷水洗襯衫更乾淨

一般人認爲，貼身襯衫一定要用熱水或溫水洗才能洗淨，其實不然，汗液中的蛋白質是水溶性物質，受熱後蛋白質會發生變性，生成的變性蛋白質很難溶於水，滲積到襯衫的纖維之間，不但難以洗掉，還會使織物變黃髮硬。

最好是用冷水洗有汗漬的襯衫，爲了使蛋白更易於溶解，還可以在水中加少許食鹽，洗滌效果更佳。

領帶的幾種洗滌妙法

1.乾洗：取棉球蘸少許酒精或汽油，輕輕擦拭領帶以去除汙漬，然後墊上一塊濕白布，用電熨斗熨燙。熨燙時的溫度，化纖織物不可過高（70℃以下），毛綢的溫度可高一些（170℃以下）。

2.刷洗：先用膠版紙或薄層膠合板按領帶的尺寸做一個模型，把領帶套在模型上面，用軟毛刷蘸上洗滌劑對領帶輕輕進行刷洗，然後再用清水漂刷乾淨。洗完後晾一會兒，便可襯上一塊白濕布用熨斗燙平。之後撤下模型。如此，領帶即不會變形，又平整如新了。

3.水洗：先將領帶放進30℃左右的溫皂水中浸泡1～3分鐘，用

毛刷輕輕順著領帶紋路刷洗，不可用力硬刷，也不可任意揉搓，刷洗完要用與皂水一樣溫度的清水漂洗乾淨。之後再按上法進行熨燙。若水洗後的領帶變了形，可將領帶後面的縫線拆開，把領帶的布料和襯布熨燙平整，然後按原樣縫好即可。

洗衣泡沫輕鬆解決

洗衣服的時候，經常會因爲沖洗泡沫浪費很多水，自己也累得腰酸背痛。其實在洗衣服之前，先用一塊肥皂將衣服塗抹一遍，然後再用洗衣粉洗，衣服的泡沫就會變得很少。這時，只需用一盆水衣服就能沖洗乾淨了，省水又省力。

呢絨大衣巧除塵

將呢絨大衣平鋪在桌上，準備一條較厚的毛巾，將毛巾放在清水中浸透擰到半乾，放在呢絨大衣上。用手或細棍進行彈性拍打，使呢絨大衣內的髒汙被吸到毛巾上，然後洗滌毛巾，這樣反覆幾次即可。如呢絨大衣有折痕，可順毛熨燙，最後掛在通風處晾乾。

黑白絲織物洗滌禁忌

絲織物比較嬌貴，洗滌的禁忌也比較多。黑色絲織物洗滌時忌用任何皂液或洗衣粉，應在不太髒時用清水漂洗。如果衣物實在太髒，可用洗過灰白絲綢衣物的皂液浸洗，而且皂液中不能有皂

渣，浸洗後須迅速過清。白色絲織物則應用增白洗衣粉或用豆腐揉搓，然後再用清水漂清。也可將芋艿去皮、搗碎，煮成稀汁，冷卻後作爲洗滌劑來洗滌白色絲織物，這樣才能保持衣物潔白。

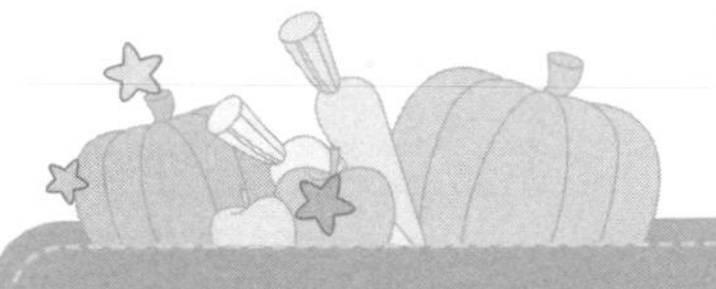

西裝保養小訣竅

西裝不穿時，最好用與肩同寬的衣架自然垂掛。衣服穿髒後，全毛料做的西裝應乾洗；合成仿毛呢西裝洗滌時，用溫水倒入盆內，加入適量的洗衣粉調勻，再將衣服來回刷，待汙漬去後，再稍揉搓一下，用清水洗

淨，用衣架掛在陰涼處，乾後將衣服熨燙平整。

收藏入衣櫃時，全毛西裝應放些樟腦丸，化纖織物不必放樟腦丸。

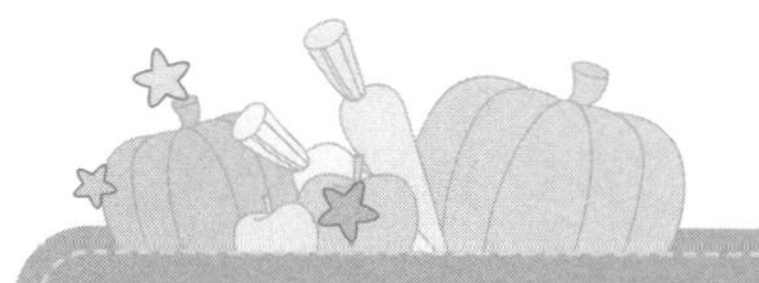

品質好的西服大都是以天然纖維為原料，這類西服穿過後，因局部受張力而變形，但讓它適當休息就能復原，所以，應準備兩三套西裝換穿。

毛料衣服要「勤休息」

毛料服裝穿在身上很暖和，但毛料很容易吸收濕氣，如果連續穿一周左右，毛料服裝就容易變形。爲了使它保持良好的狀態，最好穿兩天就讓它休息一天，並經常用刷子刷去灰塵，不穿時要將

衣服掛在衣架上去掉濕氣。

另外，毛料服裝有縮絨性，洗滌時應放在肥皂液或溫水中輕輕擠壓漂洗，不能揉搓，以免黏合。

絲綢服裝巧保養

1.洗滌時，先把絲綢服裝放在水裡浸泡2至3分鐘，然後放上洗滌劑輕輕揉搓。深顏色的絲綢，特別是黑色、藏青色的絲綢服裝，絕對不能使用鹼性肥皂。有的人第一次洗滌絲綢服裝，就因使用鹼性肥皂而使服裝顏色泛出白色。

2.晾曬絲綢衣服之前不要過分緊擰，曬衣架宜用光滑衣架，最好是塑膠衣架晾曬，以防衣架上的小毛刺鉤傷纖維，影響服裝的壽命。

3.絲綢服裝洗過後，最好能熨燙一下，也可以在絲綢服裝晾曬

八九成乾時，把它取下折疊好壓平，然後再拿出來晾乾，服裝就會平整無皺。

4.穿著絲綢服裝時，站、立、行都要當心，不能隨地亂坐，也不要穿著睡覺。絲綢要勤換勤洗，一般穿兩三天就應換洗一次，穿的時間長了，汗液裡的酸鹼會損壞絲纖維，容易破損。

羽絨衣這樣洗才正確

羽絨衣穿髒了，大部分人都像洗平常的衣服一樣用力揉搓，其實這是不正確的方法，很容易讓鴨毛絨堆攏。正確的洗滌方法是，先將衣物浸濕，除去浮塵，然後放入皂液或洗衣粉溶液中浸泡，再用軟刷輕輕洗刷，待污漬洗去後，就用清水過淨，即可晾乾。

在洗滌羽絨衣時，水溫不宜過高，一般以20℃～30℃爲宜。

浸泡時間不宜過長，一般以5～10分鐘爲宜。羽絨衣在晾曬前，要用乾毛巾擠壓掉水分，晾曬時，要將衣服抖散、攤開、拉平，再用衣架掛在陰涼處晾乾，不要放在陽光下曝曬。

羽絨衣應該怎麼曬

晾羽絨衣時，可以把衣服內裡翻出來，在乾燥通風處晾一段時間，晾好後用手在衣服上輕輕拍打幾下；如果需要在陽光下晾曬，可以先在羽絨衣上蓋一層薄棉布，再用力抖一抖，使羽絨蓬鬆。這樣，既有助於羽絨恢復輕柔的質感，還不損傷衣服。

生活小補丁

不僅羽絨衣不能直接曬，其他衣服也不能長時間在太陽底下曝曬，否則會使衣服褪色、變形，甚至還會產生有害物質。所以，

衣服乾了以後應馬上收進屋裡，不要在外面晾曬時間太久。

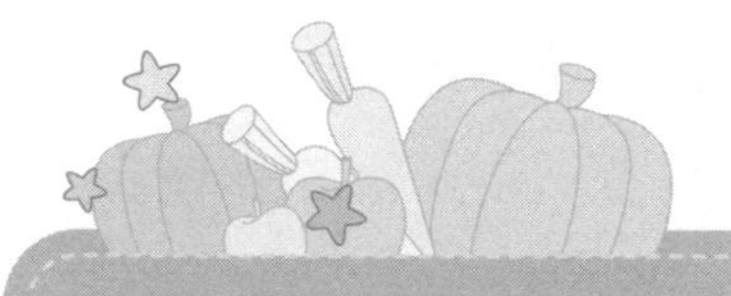

碎毛絮巧清除

用洗衣機洗完衣服後，常常會發現衣服上沾滿了小毛絮。要清除這些毛絮，可找一塊海綿往水裡浸一下，把衣服攤平，用濕海綿一擦，這些小碎毛絮就可以很快擦掉了。

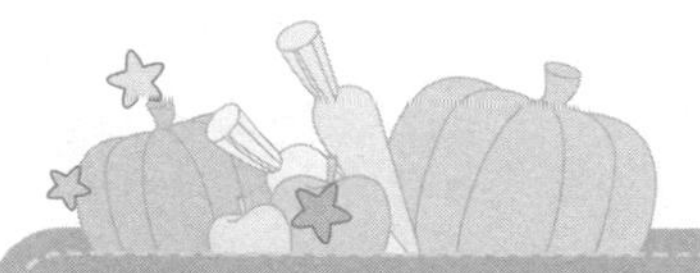

巧用刮鬍刀修整衣服

有些衣服（特別是毛衣）穿一段時間後會起很多小毛球，若跟其他衣物一起洗，還會粘上其他顏色的毛球，很不美觀。所以，

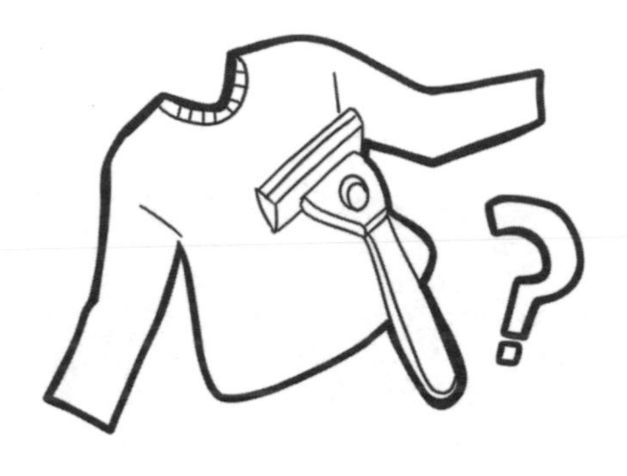

在衣服剛起毛球時，可用電動刮鬍刀像刮鬍鬚一樣，將上面粘的小毛球除去，使衣服平整如新。

但須注意：這種方法只適用於剛起小毛球的衣服。如果衣服起毛球的時間較長，形成的毛球較大，用刮鬍刀是起不了作用的。

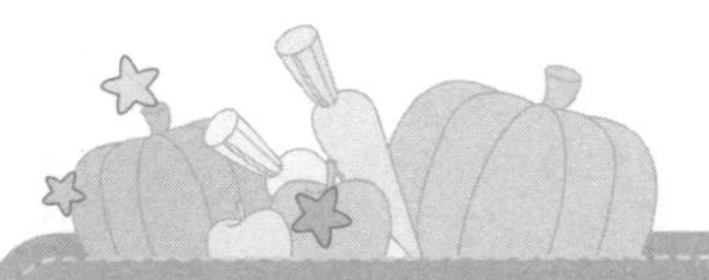

皮革衣物巧清潔

1.亮面皮革。亮面皮革洗滌時切忌用水或汽油，否則皮革會變硬、裂開。亮面皮革如果髒了，應先用布或軟毛刷擦拭皮面，若有除不掉的污漬，則可塗上少量凡士林油，稍停片刻，再用絨布抹

擦，就能清潔乾淨了。

2.淺色皮夾克。清潔淺色皮夾克上小面積的污漬，可用橡皮擦拭。面積較大的可用蓖麻油10公克、松節油45公克、黃蠟40公克、松香5公克調成糊狀，稍加熱後，塗在衣服上反覆擦拭至潔淨發亮即可。

3.皮手套。用5公克純鹼與100公克鮮奶調勻，然後用法蘭絨蘸此溶液輕輕擦洗手套，最後用另一塊乾法蘭絨擦一遍，皮手套就乾淨了。如果想恢復皮手套的柔軟光亮，將皮手套放在倒有白糖的清水中浸泡半小時即可。

生活小補丁

皮革製品不宜曝曬，掛在陰涼乾燥處通通風即可。為使皮革製品保持色澤美觀，收藏前可在皮面上塗一層牛奶或凡士林，這樣就能長期存放。

皮革保養七要點

皮革服裝的保養要謹記以下七點：

1.由於牛皮、羊皮、豬皮的主要成分是蛋白質，所以都容易受潮、起黴、生蟲。因此，在穿著皮革服裝時，要避免接觸油污、酸性和鹼性等物質。

2.皮革服裝如果撕裂或破損時，應及時進行修補。如果是小裂痕，可在裂痕處塗點雞蛋清，裂痕即可黏合。

3.如果皮革服裝失去光澤，可用「皮革上光劑」上光，切莫用皮鞋油去擦揩。一般只要每隔兩三年給皮革服裝上一次光，就可以使皮革保持柔軟和光澤，並可延長使用壽命。

4.如果皮革服裝起皺，可用電熨斗熨燙，溫度控制在60℃～70℃之間。燙時要用薄棉布做墊燙布，同時要不停的移動熨斗。

5.皮革服裝不穿時，最好用衣架掛起來；平放也可以，但要放在其他衣物的上面，免得壓扁起皺，影響美觀。

6.皮革服裝最好經常穿，並常用細絨布擦揩。如果遇到雨淋受潮或發生黴變，可用軟乾布擦去水漬或黴點。但千萬不要用水和汽油塗擦，因爲水能使皮革變硬，汽油能使皮革的油分揮發而乾裂。

7.皮革服裝在收起前要晾一下，但不能曝曬，掛在陰涼乾燥處通通風即可。爲使皮革服裝在較長時間內保持色澤美觀，在收起前可在皮面上塗一層牛奶或甘油，這樣就能長期存放而不變色。

生活小補丁

用肥皂水把衣服擦一遍，然後用擰乾的濕毛巾擦淨，晾乾後再擦專門保護皮革的加脂劑乳液來防腐、防黴、防乾裂，這樣可以使皮革服裝經久耐穿。

皮鞋的保養要點

皮鞋要保養好其實很簡單，只要你按照下面的方法去做，就可以讓你永遠穿新皮鞋。

1.皮革不要碰到油類、酸性、鹼性和尖銳物質，以防腐蝕受損。

2.下雨、下雪時，儘量不要穿皮鞋，必須穿時可以加穿鞋套保護。

3.彩色皮鞋（包括白色皮鞋）在穿著中應注意不能碰到污水、汙物和茶漬。

4.皮鞋受潮後，要放在通風乾燥處吹乾，切忌曝曬和烘乾，同時不要把鞋頭朝地豎放，應該平直放，避免皮鞋變形。

5.皮鞋存放時，要擦淨上油，放在乾燥處，切忌擠壓，以免造

成變形。存放一段時間後（特別是梅雨季節）要拿出來通風，重新擦淨，防止發黴。

皮鞋翻新有妙招

很多女性朋友都非常鍾愛白色的皮鞋，但是，白皮鞋的鞋尖和後跟特別容易磕破皮面，而且磨損處特別明顯，影響美觀。不過，你不必爲這些問題煩惱，小學生經常用的立可白就能幫你解決這個問題。首先先把白皮鞋擦乾淨，接著用立可白塗在有磨損的地方，然後放在陰涼處晾乾。這樣你的白皮鞋就變得跟新的一樣，看不出磨損的痕跡了。另外，還可以用橡皮擦拭污漬處，然後拿乾布把橡皮擦屑抹去，再擦上透明鞋油，等鞋油乾後再擦一遍，白鞋即可光潔如新。

黑色皮鞋穿久了會磨損褪色，露出白底，要想翻新，只需用

墨水蘸點生蛋白在硯臺裡磨成汁，用毛筆飽蘸蛋白黑墨反覆塗在鞋面上。褪色部分和有小裂紋處多塗一點，塗好後放在通風處陰乾，然後再上鞋油，皮鞋就會油黑發亮，色澤如新。

生活小補丁

皮鞋需要經常擦油，如果你在擦鞋時，往鞋油中滴上一兩滴醋，可使皮鞋的光澤鮮亮持久，有皺褶處要多擦點油，前腳尖與後跟則要少擦些，用布擦幾遍，然後用刷子打亮就行了。

巧用牛仔布除鞋臭

運動鞋或皮鞋的臭味可不是簡單的晾曬就能去除的，這裡告訴你一個超級實用的方法。找一件不穿的舊牛仔褲鋪平，把腳放在牛仔褲上畫出一個自己的腳底圖形，然後沿著線把布剪下來，並用

同樣的方法剪出另外一隻腳的牛仔鞋墊來。剪好後，用雙面膠把牛仔布鞋墊固定在鞋裡。這樣，就算赤腳穿鞋都不會產生異味了。因爲牛仔布的材料中間有很多小空洞，比其他的材質更容易吸收大量的汗液，能夠很好的控制鞋子裡的濕度，防止細菌的增加。

這種牛仔鞋墊在用過之後只需輕輕撕下，取出來晾乾就可以了，不用經常清洗。當然如果能多剪出幾片牛仔布鞋墊，然後加工成加厚型鞋墊，那麼不僅防臭吸汗效果會更好，穿起來也會非常舒服。如果你是屬於容易流腳汗的人，不妨現在就試一下哦！

還有一種方法是：將喝剩晾乾的茶葉裝進小沙包或廢舊絲襪中，用橡皮筋紮好即可。每天脫下鞋子後把小茶包放到鞋子裡面，第二天穿鞋時再拿出，這樣鞋裡的臭味就會消失。如果要重複使用茶葉包，應每天把茶葉包拿到通風處晾曬。

妙招清除襪子污垢

洗襪子的時候，洗衣機好像總是派不上用場，因爲污垢頑固的襪子在洗衣機裡根本洗不乾淨。其實，只要把彈珠裝進襪子，再將襪子裝入洗衣網袋，襪子中的污垢就能用洗衣機清除了，因爲彈珠能增加襪子在洗滌時的摩擦接觸面。以每隻襪子中放5～6個彈珠爲宜。

冷凍後的絲襪更耐穿

絲襪會使雙腿看起來更纖細，也可以改善腿部肌膚的顏色，深受女性的喜愛。但是，絲襪很不耐穿，經常會出現脫絲現象。這裡有一種方法可以使絲襪變得更耐穿一些，就是將新買來的絲襪浸

泡在水裡，待其吸足水後撈出放入冰箱冷凍，待結冰後再拿出讓其自然融化。這樣冷凍後的絲襪就不會很快抽絲或磨損，可以適當的延長絲襪的壽命。

衣服熨焦補救法

大多數衣服洗滌後都要經過熨燙，才能使衣服變得平整、美觀，但是有些衣服如果不小心熨焦了怎麼辦？我們可以根據不同衣服的質料採取不同的措施。

1.棉織物：可馬上撒

些細鹽，然後用手輕輕搓揉，在陽光下曬一會兒，再用清水洗淨，焦痕即可減輕，乃至完全消失。

2.化纖織物：要馬上墊上濕毛巾再熨燙一下，較輕的可恢復原狀。

3.厚外套：可用上好的細砂紙摩擦燙焦處，再用刷子輕輕刷一下，焦痕也就不見了。

4.綢料衣服：可取適量蘇打粉摻水拌成糊狀，塗在焦痕處，自然乾燥，焦痕可隨蘇打粉的脫離而消除。

5.呢料：經刷洗會失去絨毛，露出底紗。這時可用針尖輕輕的磨挑無絨毛處，直到挑起新的絨毛，再墊濕布，用熨斗沿著原織物絨毛的倒向熨數遍，即可恢復原狀。

另外，熨燙衣物時要注意掌控熨燙溫度。

生活小補丁

真絲衣服一般難以熨平，若把衣服噴上水後，裝進尼龍袋裡，再置於冰箱裡，待幾分鐘後取出熨燙，即很容易熨平。另外，

要熨燙的衣服必須洗淨，不要晾得太乾。如果衣服太乾，熨前需放在光滑的燙衣板上均勻噴水，或在衣服上鋪墊擰乾的濕布，方可熨平。

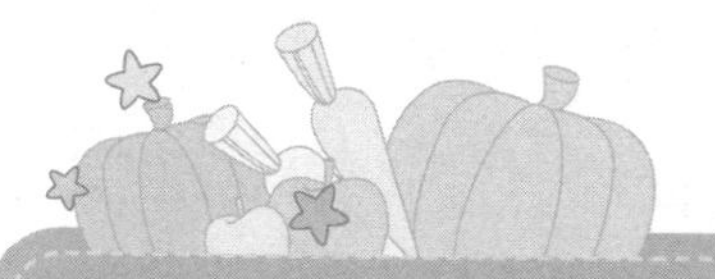

輕鬆去除衣服褶皺

衣服收藏不慎很容易起褶皺，變得皺巴巴的。下面介紹幾種簡單的方法可以輕鬆去除衣服上的褶皺。

1.真絲衣料。取一盆30℃左右的溫水，放入少許食用醋，將大蒜汁滴入幾滴，攪拌均勻後，將真絲衣料置入盆中，浸泡90～120分鐘撈出自然晾乾，衣料上褶皺就會消失。

2.西服。西服的翻領處由於反覆折疊，很容易出現皺褶。可將適量黏力較強的膠水用注射器注入起褶皺的地方，然後立即用熱熨斗反覆熨燙，西服就會變得平整、美觀。

3.合成羊毛服裝。將衣服展平，用50℃左右的水浸泡一下，取出後稍稍用力拉平，這樣就可以除掉衣服上的褶皺。

4.純棉服裝。經過洗滌晾乾後，用潮濕的毛巾敷於褶皺處，用較熱的電熨斗反覆熨燙可消除褶皺。

5.皮革服裝。可以用低溫熨斗將褶皺處輕輕熨平，熨時用包裝油紙墊在衣服上，要不停的移動熨斗，這樣就會使皮革服裝平整如初。

生活小補丁

由於領帶是打結佩戴的，所以最容易出現褶皺。可以將褶皺的領帶浸入溫水3～5分鐘，撈出後晾至八成乾，然後將其緊緊捲繞在乾淨的酒瓶上，隔天褶皺就會消失得無影無蹤。

平復裙襟、褲腳折痕

裙襟、褲腳有折痕會破壞衣服的整體感覺，這時，只要在折痕上塗一點醋，折痕就不會那麼明顯了。另外，如想透過熨燙去除折痕，可以先以舊牙刷塗一點薄醋在折痕上，然後低溫熨燙，折痕很快就會被平復了。

縮水毛衣復原法

有些純毛的毛衣如果沒有經過縮水處理，洗後就容易變小。想使縮小的毛衣恢復原狀，你可以在溫水中滴入少量的家用氨水，然後將

毛衣浸入，同時以兩手輕輕拉長縮小的部分，最後用清水漂淨。在毛衣半乾時，整出原形，再用熨斗燙一下，就可恢復原來的大小了。

防止羊毛衫縮水有辦法

要想洗滌後的羊毛衫不縮水，除了水溫掌握在35℃左右之外，還應注意下列幾點：

1.不宜用洗衣機洗滌羊毛衫。

2.要用高級中性洗滌劑或專用洗滌劑。洗滌時，洗滌劑應按照說明兌水，過清水時，要慢慢的加冷水，要反覆多次漂洗乾淨。

3.洗好後用脫水機脫水時，應注意兩點：一是將羊毛衫用布包裹後再放入脫水機內；二是脫水時間最多兩分鐘，脫得太久就會使羊毛衫縮水。

4.羊毛衫洗淨脫水後應放在通風處攤開晾乾，不要吊掛或曝曬。

用溫水沖調優質洗衣粉，然後把冷水浸濕的羊毛衫放入，輕輕揉搓，領子、袖口部位應多搓洗幾下，不要用力過猛，以防衣服走樣變形。

然後用清水漂洗乾淨，再放入洗衣機內脫水，或用乾浴巾包起來擠乾，在陰涼處晾乾。

如何整新羊毛衫

如果想讓縮短變硬的羊毛衫恢復原樣，可用乾淨的白布裹捲起來，放進蒸籠裡蒸十分鐘，然後取出用力甩開，再小心的拉成原

來的樣子和尺寸，平放在薄板或篩背上，在陰涼通風的地方晾乾，羊毛衫就能恢復原狀。

要想使羊毛衫恢復原有的色澤，用清水漂洗幾次，再在清水中加幾滴醋繼續漂一漂即可。

枕套保存真皮皮包

真皮皮包保存時不要放入塑膠袋裡，因爲塑膠袋內空氣不流通，會使皮革過乾而受損。可用舊枕套收藏皮包，包內應塞上一些軟紙，以保持皮包的形狀。如果沒有舊枕套，最好就放在棉布袋中保存。

保養珍珠飾品的禁忌

保養珍珠品時下面這些禁忌一定要記牢。

1.珍珠表面有微小的氣孔，會吸收空氣中的污濁物質或者髮膠、香水等。所以一定不要穿戴漂亮的珍珠去修剪頭髮，也不要穿戴漂亮的珍珠煮菜，否則蒸氣和油煙都會滲入珍珠，令它發黃。

2.佩戴後須將珍珠擦乾淨後才放好。最好用羊皮收藏，勿用面紙，避免面紙的摩擦將珍珠磨損。

3.不要用水清潔珍珠項鍊。水會進入珍珠的小孔，不僅難以擦乾，還會使裡面發酵，珠線也可能轉爲綠色。如穿戴時出了很多汗，可用軟濕毛巾將珍珠小心擦乾淨，風乾後保存。

4.珍珠也需要呼吸，所以不要長期將它放在保險箱內，也不要用膠袋密封。應每隔數月拿出來佩戴，否則容易變黃。

5.如果珠鏈很長，可以將線在每粒珠之間打個結，這樣可防止珠與珠摩擦。即使線斷了，珍貴的珠子也不會四處散去，使你損失太大。

6.一般來說，珍珠最好每3年重新串一次。因爲滲入珠子小孔的汙物會產生摩擦力，使尼龍線斷裂。

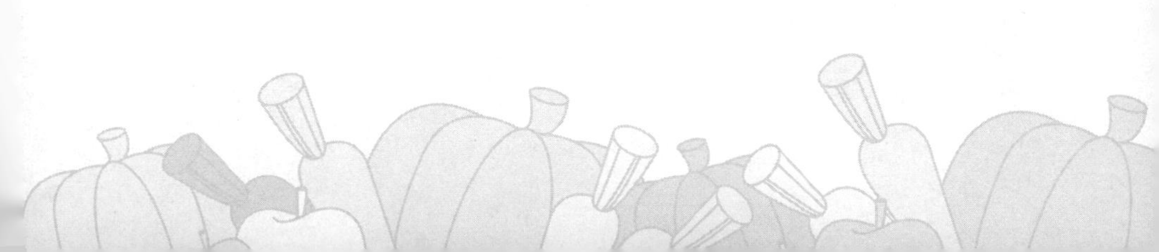

居室設計與清潔

BANANA PEELS ARE USEFUL

讓你擁有清新世界

Chapter.05

不花錢讓居室寬敞明亮

居室寬敞明亮，能使人情緒高漲，生活得更愉快。採用下面的方法你就能如願以償：

1.利用配色增加寬闊明亮感

可以將白色作爲主要的裝飾色，牆、天花板、傢俱都用白色，甚至窗簾也選用與牆一樣的白色或稍加淡色的花紋。生活用品也選用淺色，最大限度的發揮淺色產生寬闊明亮感的效果。再適當用些鮮明的綠色、黃色，可使效果更好。

2.利用鏡子產生寬闊明亮感

將鏡屏風作爲房間的間隔，從兩個方向反射，寬闊感和明亮感將大爲增強。在室內面對窗戶的牆上，安掛一面大小合適的鏡子，一經反射，室內會分外明亮，寬闊感大增。

3.在傢俱上動腦筋

選用組合傢俱既節省空間又可儲放大量物品。傢俱的顏色可

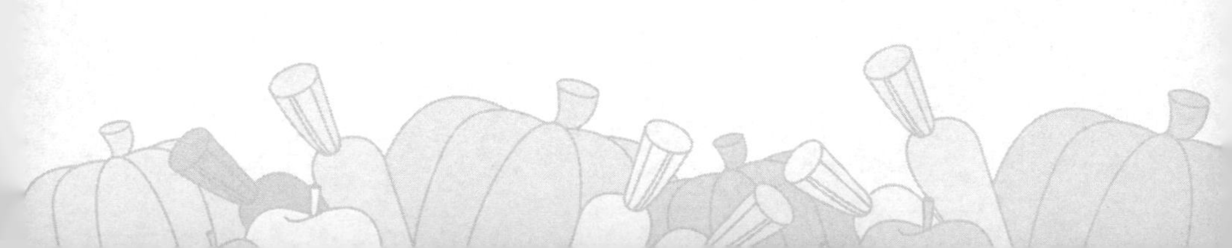

以採用壁面的色彩，使房間有開闊感。選用具有多元用途的傢俱，或折疊式傢俱，或低矮的傢俱，或適當縮小整個房間傢俱的比例，都會產生擴大空間的感覺。

4.有主次的室內佈局可產生寬闊明亮感

用櫥櫃將雜亂的物品收藏起來，裝飾色彩有主有次，就會使房間看起來寬闊明亮得多。

5.擴大活動空間

客廳內擺放現買的傢俱會產生一些死角，並破壞整體的協調性。解決這一問題的做法是根據客廳的實際情況設計出合適的傢俱。靠牆的展示櫃及電視櫃應量身訂做，以節省空間，這樣在視覺上保持了清爽的感覺，自然顯得寬敞明亮。

生活小補丁

為使低矮的住房增加高度感，線條必須體現空間感，無論用何種方法裝飾牆面，牆面上都要儘量體現出分隔線條來，因為分隔線條可使低矮的房間在視覺上增高。

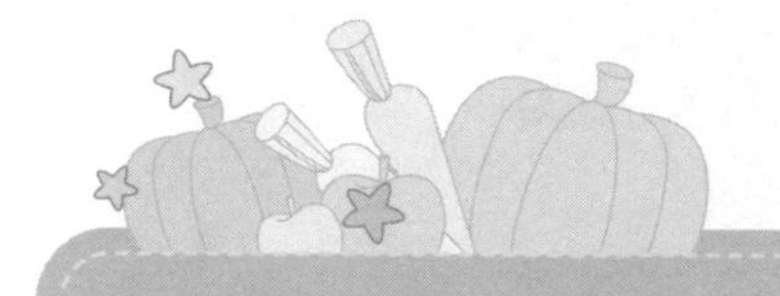

巧選傢俱空間變大

房子的面積比較小，透過什麼辦法可以讓空間看起來更大一些呢？選擇合適的傢俱是非常重要的，選用下面的四種傢俱，會讓你的房子不會顯得很擁擠，能有效的增大視覺空間。

1.多用組合型傢俱：一個家雖小，家裡必備的東西又省不下來，要用的傢俱不能不做，在做傢俱時可將幾種不同使用目的的傢俱組合在一起做成組合型傢俱，這樣可節省空間。如時下流行的沙發與床的組合、沙發與櫃子的組合、書櫃與書桌的組合等。

2.運用折疊型傢俱：有些不能組合，必須單獨運用的傢俱，可考慮折疊式製作法，用時打開，不用時再折疊，這樣也可以節省空間，如餐桌、凳子等傢俱可製成折疊型。

3.多用層次型傢俱：所謂層次型傢俱就是製作傢俱時考慮到橫向發展占面積的弊病，可考慮往上發展，按使用功能分層設計。層次型傢俱比一般傢俱要節省面積。時下許多家庭都買了VCD、音

響音箱，放置這些設備的傢俱可用層次型傢俱。層次型傢俱還可運用在書房和廚房裡。

4.選擇小型傢俱：爲了節省空間，選用小型傢俱也是不錯的辦法。如休閒式沙發、窄型書桌、小圓茶桌椅、拉鎖式衣櫃等。

生活小補丁

住宅中有不少角落容易被忽視，可以在角落處放置特製的角櫃，這樣既可以儲物又可以放些小物品，有利於調整佈局和氣氛。

如此進行傢俱陳列

遷進新居時，很多人爲傢俱的陳列大傷腦筋，一會兒這樣擺，一會兒那樣放，將傢俱來回搬動，一不小心就會擦壞表面的油漆，造成損傷。其實大可不必這樣，搬到新居前可先丈量出居室面積，按比例縮小後畫在紙上。然後將傢俱按同比例縮小，畫在硬紙片上，再一一剪下。最後將傢俱紙片像做拼圖那樣在居室圖上反覆擺放，選擇出最佳位置後，將傢俱一次性擺妥，可省去不少麻煩。

生活小補丁

居室的角落切莫放一些雜亂的東西，否則不但使房間顯得凌亂、不雅觀，而且容易滋生細菌，影響人體健康。

巧用花瓶帶動居室氣氛

單調的居室看起來沒有生氣，這時可以選幾個精緻小巧的花瓶來啓動室內的氣氛，讓我們的家更溫馨。但是，在用花瓶裝飾我們的家時要注意以下兩點：

1.大小

用花瓶來裝點居室，應根據房間的風格和傢俱的形狀、大小來選擇。如客廳、臥室較狹窄，就不宜選體積過大的花瓶，以免產生擁擠、壓抑的感覺。

2.色彩

花瓶的色彩既要協調，又要有對比。應根據房間內牆壁、天花板、地板以及傢俱和其他擺設物的色彩來選定。

如房間色調偏冷，則可考慮暖色調

的花瓶，以加強房間內熱烈而活潑的氣氛。反之，則可放置冷色調的花瓶，給人寧靜安詳的感覺。

生活小補丁

書房是閱讀的地方，應選擇色彩淡雅的花瓶。

臥室是休息的地方，應選擇讓人感覺質地溫馨的花瓶，如陶質花瓶。

客廳是親朋好友聚會的地方，可以選擇一些色彩鮮豔的花瓶。

四招消除新房隱患

對於新裝修過的房子，可以用四種簡單方法消除室內刺鼻的氣味。

1.使用空氣淨化器。

2.開窗通風。新裝修過的房子至少要開窗通風1個月。

3.在室內放盆鹽水。把濃度爲5%的鹽水擺放在室內，如果用電扇吹效果更好，並每週更換一次水。因爲鹽水能有效的吸收甲醛，在室內放盆鹽水會起到溶解甲醛的作用。

4.在室內擺放綠色植物。室內養綠色植物能淨化空氣。

生活小補丁

對於正打算裝修的家庭，在挑選建材時要儘量選擇天然材料。比如，實木地板比複合地板的甲醛含量少。同時在選購傢俱時，傢俱的抽屜內、櫃子裡如果有刺鼻氣味，說明傢俱化學致癌物可能超標，最好不要購買。

家居衛生巧省力

很多家庭主婦都會被居家衛生困擾，一次大掃除要耗費很大的精力，如何才能讓家居清潔變得簡單、省力一些呢？

首先扔掉你手中的拖把，用舊毛巾代替，這樣不僅可以把地擦得很乾淨，還能節省你的時間和精力，如果用老化纖維質地的布效果會更好。

馬桶經常堵塞嗎？那就經常用馬桶清潔劑將馬桶悶上一會，再用水沖洗，長期持續下來，馬桶就會比較暢通。

漂白水是你的好幫手，居室清潔和清洗衣物時，記得經常用它哦！

居室牆壁巧清潔

在家庭生活中，牆壁的清潔可以採取以下兩種方法：

1.粉刷牆壁時要先將牆壁擦乾淨，用舊尼龍襪擦牆比用布好。這樣刷出來的牆，油漆不易破皮。

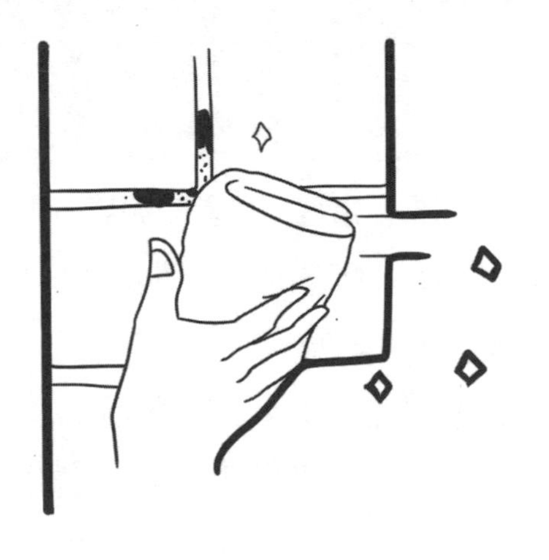

2.許多家庭用笤帚來掃牆壁，這樣不僅會灰塵飛揚，而且還會將牆面刮出一些刮痕。如用軟布（如廢秋衣、毛褲、背心等均可）將笤帚包起來掃牆，這樣軟布可以吸收部分灰塵，可以避免塵土飛揚。

生活小補丁

在濕布上擠一些牙膏，可擦掉牆上的鉛筆或彩色蠟筆的筆跡。紙質、布質壁紙上的污點不能用水洗，可用橡皮擦。

去除牆壁頑垢的方法

如果你家裡有可愛的寶寶，牆壁是不是經常被他當做畫板，畫得亂七八糟？這時候，你先不要發火，一些簡單的辦法就能讓你的牆壁潔淨如初。

用棉花沾牙膏可以拭去牆上的蠟筆或鉛筆印記；揉成團的麵包可以擦掉牆上的手垢，也可用舊毛襪、橡皮擦、砂紙等試一下，如果都不能去除，索性就用和牆壁同色的水彩或水性油漆掩蓋一下吧！

除瓷磚接縫處汙垢的訣竅

地上鋪的瓷磚接縫處幾乎是一個衛生死角，經常被人們忽略，而且接縫處的污垢也不好清理，特別是廚房中的瓷磚接縫處，經常藏了厚厚的油垢。按照下面的方法來一次徹底的清除吧！

找齊刷子、牙膏和蠟燭，根據瓷磚接縫處油污的多寡，在刷子上擠適量的牙膏，然後直接刷洗瓷磚的接縫處。由於瓷磚的接縫處是縱向的，在刷洗的時候也應該縱向刷洗。瓷磚接縫處的主要原料是白水泥，油污黏附在上面後很難擦洗乾淨，而牙膏具有很強的清潔作用，因此效果會很好。

如果油污的面積比較大，可將蠟燭塗抹在瓷磚接縫處，先是縱向塗，讓接縫處都能均勻塗抹上蠟燭；然後再橫向塗，讓蠟燭的厚度和瓷磚的厚度持平。這樣做是因為，蠟燭表面光滑，即使有油污沾在上面，也只要輕輕一擦就乾淨了。這個訣竅的關鍵就是，用牙膏能擦洗乾淨你廚房灶台後面瓷磚接縫處的油污，而在接縫處塗

抹上蠟燭，可以使瓷磚接縫處不再沾染上油污。

除去地毯上的傢俱凹痕

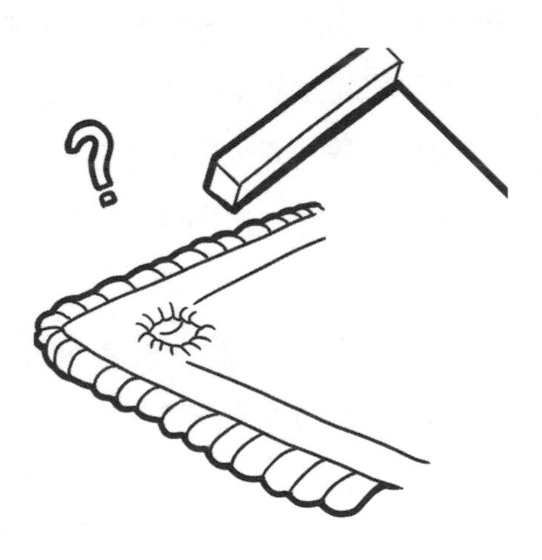

傢俱在地板上放置時間長了，會在地毯上留下難以消除的凹陷痕跡。要去除這些地毯上的凹痕，你可以用蒸汽熨斗在凹痕處噴一些蒸氣，或先將濕毛巾鋪在凹陷的地方，再用熨斗燙。最後以硬毛的牙刷挑起凹處的毛輕輕刷順就可以了。

清除床上浮灰妙法

若用刷子刷床上的浮灰，會污染室內空氣，結果適得其反。較好的辦法是將舊的合成毛料衣物洗淨晾乾，用來抹擦床上浮灰。注意，抹擦的時候要依次向一個方向迅速擦拭，床單與合成毛料衣物之間產生的強烈靜電，會將浮塵吸走，效果很好且省時省力。合成毛料衣物還可洗淨反覆使用。

清除掉落髮絲有妙招

衣服、床單上經常會沾上掉落髮絲、頭皮屑之類的東西，用手根本揀不淨，可用超市裡賣的那種帶膠紙的滾輪來去除。這裡告訴你一個更加經濟方便的方法：在用完的保鮮膜內軸的一端緊緊纏

上兩根橡皮筋，然後手持紙筒的另一端，利用橡皮筋的摩擦力，即可把頭髮等雜物纏繞在橡皮筋上。這種方法的弊端是：對於那些細小的頭皮屑無可奈何。

巧用舊絲襪除雜物

每次梳頭之後，梳子上總會或多或少的粘著頭髮，下水道也經常被一團團的頭髮堵塞，清理起來非常費力。現在，用舊絲襪就可以解決這些問題了。

從舊絲襪上端剪下比梳子大一點的絲襪塊，然後將絲襪塊套在梳子上。用這個改造後的梳子梳頭，斷髮就都吸附在絲襪上了，清潔的時候只需隨手取下絲襪塊，梳子就乾淨了。

清理下水道時，先將管道蓋清洗乾淨。然後將絲襪的腳掌部分套在蓋子上，在收口處擰幾圈，反扣在蓋子底部，再將管道蓋重

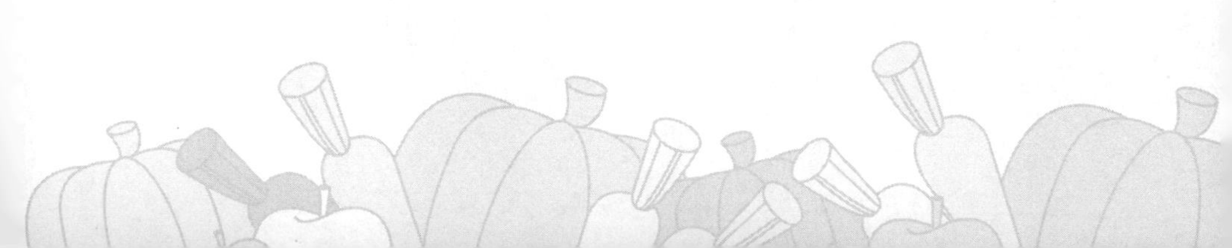

新放在水管上就可以了。這樣，頭髮和雜物就被阻擋在水管蓋上了。再清潔的時候，只需將蓋子拿起來，將囤積的雜物倒入垃圾桶，再用水一沖就乾淨了，非常簡單，絲襪還可重複使用。

巧妙去除室內異味

居室空氣不清新有異味，不僅對人體健康不利，也會影響人的心情。下面就介紹幾招去除居室異味的小妙招，確保你「招到味除」。

1.去除黴味：每逢潮濕季節，室內的衣櫥、壁櫥、抽屜都會散發出一股黴味，要解決這個問題，只需在裡面放一塊肥皂即可。另外，將曬乾的茶葉渣裝成小紗袋，分放各處，也能達到去除黴味的效果，還能散發出淡淡的清香。

2.去除香菸味：雖然所有香菸的包裝上都印有吸菸有害的標

幟，但是抽菸的人仍然不在少數。不管是你自己吸菸，還是有人做客時吸菸，室內的菸味總會久久不散。要想除去室內的菸味，你可以用蘸了醋的紗布在室內揮動或點支蠟燭，菸味即除。

3.去除廚房異味：廚房中可謂酸甜苦辣鹹五味俱全之地，時間久了會很難聞，你只要在鍋中放少許食用醋加熱蒸發，異味即可消除。

4.去除油漆味：室內的油漆味會令人產生頭暈、噁心等不良反應，可在室內放兩盆冷鹽水吸取油漆味，也可將洋蔥浸泡盆中，一兩天後油漆味就消除了。

5.去除居室異味：居室空氣污濁，可在燈泡上滴幾滴香水或花露水、精油等，這些液體遇熱後會散發出陣

陣清香，改善室內空氣。

6.去除花肥臭味：發酵的溶液做的花肥，會散發出一種臭味，將新鮮橘皮切碎摻入液肥中一起澆灌，臭味就可以消除。

7.去除垃圾桶臭味：如果垃圾桶裡的金屬物質發出臭味，可將廢報紙點燃後迅速放進去，臭味就沒有了。

除冰箱異味的方法

冰箱裡難聞的味道用哪種方法去除會比較好呢？下面列出了九種方法，總會有一種適合你。

1.取500公克新鮮橘子，把橘皮洗淨揩乾，分散放入冰箱。3天後，冰箱異味就全消失了。

2.將檸檬切成小片，放置在冰箱的各層，可除去異味。

3.用紗布袋包50公克花茶，放入冰箱，效果非常明顯。茶葉經

陽光曝曬後還可反覆使用。

4.取500公克麥飯石，篩去粉末微粒後，裝入紗布袋中，放在冰箱裡10分鐘，異味即除。

5.將一些食用醋倒入敞口玻璃瓶，置入冰箱內，除臭效果很好。

6.將500公克小蘇打分裝在兩個廣口玻璃瓶（打開瓶蓋）裡，放置在冰箱上下層，異味便能除去。

7.在冰箱底層放1碗黃酒，3天後就可除淨異味。

8.將1塊去掉包裝紙的檀香皂放入冰箱，除異味的效果亦佳。但要注意，冰箱內的熟食應放在加蓋的容器中，避免吸附了檀香味。

9.在小布袋中裝入適量木炭，除味效果甚佳，因爲

木炭有很強的吸附作用。

讓你的居室「暗香湧動」

想一走進你的居室就令人感受到心曠神怡的淡淡香氣嗎？其實很簡單，有很多辦法可以讓你的居室「暗香湧動」。

1.在檯燈、吊燈、壁燈上噴灑香水，利用燈泡的熱量讓香味在房間內彌漫。

2.用吸墨紙吸足香水，放在抽屜、櫃子、床褥等角落，香味可持久保持。

3.用舊絲襪將薰衣草、樹葉等包起來，放進衣櫥、床邊，淡淡的香氣就會散發出來。

4.把食用香料，如橘皮、丁香等用薄布包起來，放在放衣服的木箱內，也有奇香。

5.把香料與花瓣曬乾混合放在一個小竹籃內，能使滿室飄香。

6.把乾的細辛等香味濃的中藥草放在袋裡，置於衣櫃中，會有濃濃的香味。

7.把鳳梨等具有香味的水果置於竹籃中，也能滿屋生香。

8.室內吊掛裝有荷蘭芹或薄荷的竹籃，能增添鄉野氣息。

9.香精油、香熏爐和小蠟燭，都可以令居室生香，還能增加浪漫氛圍。

10.市面上賣的果香、花香等多種香味蠟燭，對於居室生香也很有效果，不點燃的時候還可以做可愛的小飾物。不過用餐時不要點燃香味蠟燭，以免其香味沾染食物。

生活小補丁

將加熱後的小蘇打水灑在飼養貓、狗的地方，可以除去室內因飼養寵物而帶來的特有異味。

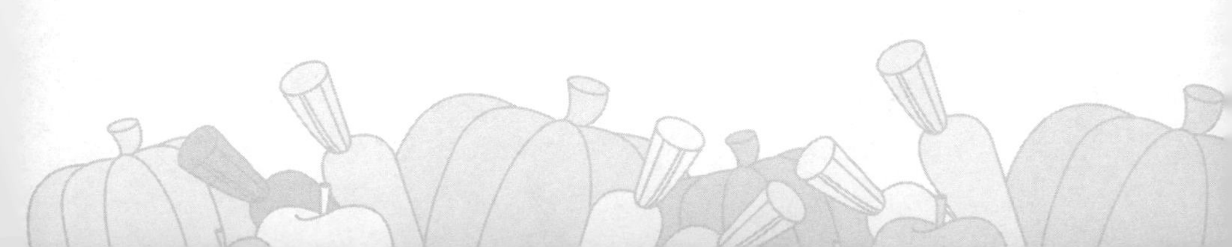

廁所除臭就是這麼簡單

有人很愛乾淨，可家裡的廁所即使沖洗得再乾淨，也常會留下一股臭味，這事讓很多人傷透腦筋。怎樣給家裡的廁所除異味呢？提供你幾個絕招。

1.在廁所內放置1杯香醋：臭味會消失。香醋的有效期一般爲6～7天，也就是說，每隔一周左右要更換一次香醋。

2.清涼油除臭。將一盒清涼油打開蓋放在浴廁角落低處，臭味即可清除。一盒清涼油可用2～3個月。

3.過磷酸鈣除臭。經常在浴廁裡撒少許過磷酸鈣，臭味就可去除。此法也適用於去除雞籠中的臭味。

4.買兩隻廣口瓶，將乾燥花插入瓶中擺放在浴廁裡，每隔一段時間滴幾滴香水即可。

5.將鮮檸檬切成片，乾燥後放入器皿中置於浴廁內，可以防黴除異味。

6.辣椒、香葉、桂皮等調味品也能清除廁所臭味。

生活小補丁

廁所最好別放垃圾桶，因為垃圾桶有時會積幾天才倒，這樣只會污染廁所的環境，給病毒和細菌的繁殖創造有利條件。研究微生物的專家認為，廁所裡放垃圾桶會增加細菌繁殖的機率，給健康帶來隱患。

清洗馬桶小訣竅

馬桶是居家生活的必需品，容易產生污垢，在這裡就介紹幾種清除馬桶污垢的方法。

1.漂白水除垢法：先用漂白水擦拭一下，過一會兒再用水沖洗乾淨即可。

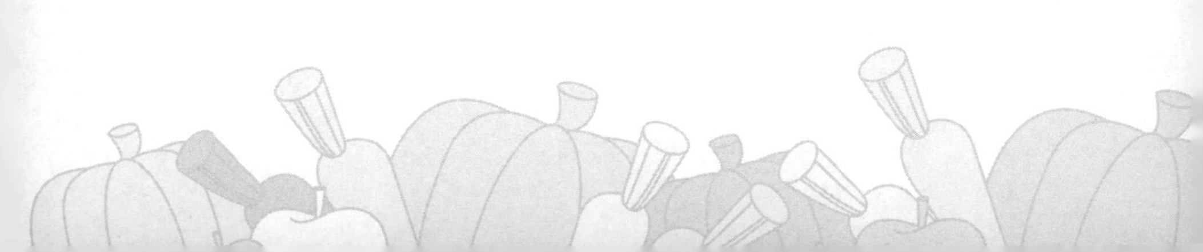

2.自製小刷子刷洗馬桶：抽水馬桶生成黃色的污垢，用刷子很難清洗乾淨，可將廢舊的尼龍襪綁在棍子一端，蘸發泡性清潔劑刷洗，1個月清洗1次，即可保持馬桶潔白。

3.食用醋除垢法：將醋和清水的混合液倒入馬桶，浸泡半天後，積垢會一刷即掉。

4.砂紙除垢法：用最細的砂紙來摩擦馬桶污垢，可去除清潔劑不能去除的污垢。

生活小補丁

將小蘇打撒在馬桶裡，然後用熱水沖泡半個小時，污垢也可以刷掉。

垃圾惡臭這樣去除

如果平常不注意清理，一到悶熱的天氣，垃圾桶、排水口還有廁所死角區就會散發出難聞的臭味，即使將垃圾清理掉，臭味還是很難除去。怎麼辦呢？

你可以削一些山藥皮放在水中煮10分鐘，待鍋裡的清水變成茶色後，噴灑在屋角、排水口周圍以及垃圾桶裡，幾分鐘後，難聞的臭味就沒有了。這個方法的原理是利用了山藥裡的苯醌成分。用水煮過後，山藥皮裡含有的苯醌成分就會溶解在水裡，然後和垃圾發酵後產生的臭味發生反應，使臭味消失。要注意的是，你如果一次煮了很多的山藥水儲存在冰箱裡，一定要在5天內用完，才能起到較好的效果。

擦玻璃小妙招

怎樣擦玻璃才能讓家裡的玻璃變得更明亮呢？試試以下幾種方法吧！

1.煤油擦拭法：擦玻璃之前，先在玻璃上塗上煤油，然後再用布或棉花來擦，玻璃將會光潔無比，而且可防雨天水漬。

2.煙絲擦拭法：用吸剩下的香菸頭裡的煙絲擦玻璃窗或擋風玻璃，不僅除汙效果極好，而且還會使玻璃明亮。

3.大蔥擦拭法：將大蔥或洋蔥切成兩半，拿切面來擦玻璃表面。趁蔥汁還未乾時，迅速用乾布擦拭，玻璃就會變得明亮。

4.蘸醋擦拭法：將乾淨抹布蘸上醋擦玻璃，玻璃將被擦得明亮光潔。

5.藍靛擦拭法：在擦玻璃的水中加入少許藍靛，將會使玻璃變得十分明亮。

6.蛋殼水擦拭法：用泡雞蛋殼的水擦玻璃，將會使玻璃十分明亮。

7.石灰水擦拭法：先將稀石灰水或石膏水、粉筆灰水塗在玻璃上，九成乾時用軟布將石膏粉擦去，玻璃會被擦得光潔明亮。

8.氨水擦拭法：擦玻璃時，在水中加入少量的氨水，擦過的玻璃便會十分光亮。

9.蘸酒擦拭法：先用濕布擦一遍玻璃，然後用乾淨的濕布蘸一點酒，稍用力在玻璃上擦拭，即可使玻璃光潔如新。

10.衛生紙擦拭法：用乾淨布蘸水擦玻璃，再用衛生紙擦乾，玻璃會光潔如新。

11.牙膏擦拭法：玻璃日久發黑，可將牙膏塗在紗布上擦拭玻璃，會使玻璃光亮如新。

12.廢報紙擦拭法：先用濕抹布擦去汙物，然後用廢報紙或油紙擦玻璃，效果很好。

生活小補丁

在潔淨的玻璃上抹一點醋，可以使玻璃保持光澤。以後只要用乾抹布輕輕擦拭，原有的光澤就會出現。

三招消除玻璃霧氣

冬天玻璃上經常會出現霧氣，這裡教你幾招輕鬆除去玻璃霧氣的辦法：

1.用肥皂在玻璃上塗一塗，再用乾布擦拭。

2.用濃度90%的酒精沾濕布後擦拭。

3.在海綿或棉布上滴幾滴洗髮精擦拭。

鐵紗窗巧去汙

廚房鐵紗窗上的油污很難洗乾淨，但有個訣竅可以很容易的去掉油污。首先把鐵紗窗取下，用磚頭將它架起，離地面20公分左右，紗窗下面放些廢紙或刨花，然後再把它們點燃燒紗窗，最後再用刷子把鐵紗窗刷乾淨。這樣，就可以去除鐵紗窗上的油污了。

生活小補丁

沾有油污的紗窗可以放在鹼水中，用不易起毛的毛巾反覆擦洗，然後把鹼水倒掉，用乾淨的熱水把紗窗沖洗一遍，這樣紗窗就乾淨如初。

妙招驅逐廚房小蟲

如果發現廚房裡有蟑螂，不要驚慌，只要在食品櫥、衣櫃或抽屜角落裡放上一些新鮮的夾竹桃葉，蟑螂就會逃之夭夭了。因爲夾竹桃的葉、花、樹均有毒，含強心苷，對蟑螂具有很強的威懾作用。此外，還有很多富含強心苷類的藥用觀賞植物，它們的花卉、枝葉同樣具有驅趕蟑螂之功能，如萬年青、羊角拗、杠柳、金盞花、鈴蘭和黃花夾竹桃等。

一旦發現廚房裡出現螞蟻，將烘焙過的蛋殼撒在螞蟻出入的角落即可。

妙招打造健康衛浴

浴室及廁所對家人的身體健康有直接的影響，需要精心打造。

1.衛浴空氣清新劑：將一杯香醋或一盒開蓋的清涼油放於衛浴室裡，臭味自然消失。

2.牆壁清潔：用多功能去汙膏清潔衛浴室的牆壁，對於瓷磚之間的縫隙，可先去汙後，再在縫隙處用毛筆刷一道防水劑。這樣既能防滲，又能防黴菌生長。

3.鏡面清潔：用噴霧式鏡面清潔劑在玻璃上噴出一個X形，然後把擰乾的抹布折好，順著同一個方向擦一圈，等到鏡面七分乾時，再用乾布擦一遍。如果還有水紋沒擦乾淨，舊報紙的油墨就可以把頑固的污垢一併擦走。這樣，鏡面就會重新變得光潔如初。

4.水龍頭清潔：衛浴室內的水龍頭（花灑）會因爲經常沾到沐浴乳、洗髮精、洗潔精等洗滌用品，而使表面變得沒有光澤。要想

清潔水龍頭，只要用軟棉布蘸中性清潔劑每週擦一次就好了。但是，一定不要用酸性的或具磨擦作用的清潔劑、鋼絲刷，否則會將水龍頭（花灑）劃壞。

5.馬桶清潔：先用馬桶刷清洗一遍馬桶內，再倒入5～10毫升的清潔劑或鹽酸液用刷子塗均勻後刷洗。如污垢較重，可再倒少許清潔劑浸泡一段時間，然後刷洗，最後用清水沖乾淨即可。

6.陶瓷清潔：先將瓷具表面的污垢擦洗乾淨，再用軟布蘸上少許白醋擦拭瓷具表面或用檸檬果皮擦拭，這樣處理過的瓷具不僅光亮如新，還會散發出淡淡清香。

熱水瓶除水垢三法

如想除去熱水瓶中的水垢。有三種方法：

1.可往瓶膽中倒點熱醋，蓋緊蓋子，輕輕搖晃後，放置半小

時，再用清水洗淨，水垢即除。

2.瓶中加50公克小蘇打和一杯水，蓋緊蓋子，輕輕搖晃後，放置半小時，再用清水洗淨即可。

3.將雞蛋殼打碎裝在水瓶裡，再倒幾滴洗滌劑和適量的水，加蓋後，上下晃動，最後用清水沖洗乾淨即可。

塑膠盆污垢的便捷清洗法

塑膠盆用的時間長了，盆壁上就積了一層污垢，用水根本洗不乾淨。這時，你可以把喝剩的茶葉用紗布包起來，然後蘸取適量的食用油擦拭，之後再用少許洗潔劑清洗，塑膠盆就會變得很乾淨。這個辦法利用以油吸油的原理，避免了其他清洗方式可能會刮傷塑膠製品的缺點。

細口的瓶子或杯子也能洗乾淨

一些細口瓶由於「瓶頸效應」很難清洗，難道我們就只能對它束手無策嗎？下面的辦法能讓你輕鬆解決這個問題。把弄碎的雞蛋殼放進瓶子，然後加入適量溫水，用力搖晃，一會兒細口瓶就洗乾淨了，然後把碎雞蛋殼倒出來，再用水沖洗即可。

鹽洗毛巾，清潔如新

到了夏天，毛巾就很容易發黏，還會有怪味，不僅用起來不舒服，上面還可能有許多致病微生物，如沙眼衣原體、金黃色葡萄球菌、真菌等，影響人體健康。

毛巾之所以變成這樣，主要是有人喜歡出汗之後用毛巾擦汗，或毛巾久用未洗，加上氣溫高，毛巾易變黏、變硬，並發出怪味。此外，水中游離的鈣、鎂離子與肥皂結合，生成鈣鎂皂黏附在毛巾上，也會使毛巾變硬。

爲避免毛巾變硬變黏，最好的方法是隨用隨洗。大多數人都用洗衣粉或肥皂清洗毛巾，但缺點是會使之變硬。用食鹽洗則能簡單有效的解決這個問題，具體做法是：先把毛巾打濕，把食鹽撒在上面搓洗，再用清水漂洗乾淨，即可去除油膩，使毛巾清潔如新。

生活小補丁

夏季用毛巾擦汗的次數大大增加，所以建議每天洗一次毛巾，不僅有利去除細菌，而且能使毛巾鬆軟有彈性。

純毛毛毯的洗滌方法

清洗純毛毛毯時要用中性皂，將肥皂在熱水中溶解，再加入一湯匙硼砂。待溶液溫度降至60℃左右時，將毛毯放入浸泡3～4小時。髒污嚴重的地方要在浸泡時用手輕輕揉搓。如果還是洗不淨，可再加兩湯匙松節油，進行洗滌。洗淨後用溫清水沖淨，使其自然乾燥。待毛毯半乾時，用低溫熨斗隔一層被單將其熨平，然後晾乾即可。

給絨毛玩具洗個澡

絨毛玩具不僅是小朋友的最愛，很多成年的女孩同樣對絨毛玩具有濃厚的愛戀情結，的確，絨毛玩具柔軟的觸感、可愛的造型

總能令人愛不釋手。現在就來給你心愛的絨毛玩具洗個澡吧，這樣你和它都會變得更健康哦！

將半碗粗鹽和絨毛玩具一起放入一個塑膠袋，將塑膠袋口繫上，然後用力搖晃幾十下。打開塑膠袋，你會發現，絨毛玩具已經乾淨很多了，而那些粗鹽則因吸附污垢而變成了灰黑色。這個辦法省時省力，還避免了因水洗造成的玩具毛絨打結，同時鹽還有消毒效果，非常實用。當然這個辦法也適用於絨毛領子或者是家裡的絨毛靠墊等。

多雲天也可曬棉被

上班族大多會選擇週末晾曬棉被，但週末是多雲天氣，太陽不肯露面怎麼辦？

其實只要在被子外面罩一個剪開的黑色垃圾袋就可以了，這樣即使陽光不強烈，但因黑色有聚光功效，棉被也能變得鬆軟舒適。

不僅是棉被，枕頭中的枕芯也要經常消毒。除了定期的晾曬之外，還可以用下面的方法進行消毒。先把枕芯拆出來，然後在表面噴灑一些食用醋，10分鐘後進行清洗即可達到為枕芯消毒的效果。

香蕉皮不只能絆倒

BANANA PEELS ARE USEFUL

這樣也可以?

傢俱廚具的清潔與保養

BANANA PEELS ARE USEFUL

省時省力有訣竅

Chapter.06

廚房污漬巧清除

很多人討厭清理廚房，並為此經常「逃避」在家中就餐。其實不妨試試以下幾種方法，很輕鬆就可以清除廚房污漬：

清潔瓦斯爐檯面時，可以將抹布在啤酒中浸泡一下取出，輕輕擦拭有污漬的地方，邊擦拭邊更換擦拭面。

清潔不銹鋼水槽時，可以將用過的保鮮膜捲起來擦拭，既能擦拭乾淨，又不會留下刮痕。

遇到頑固油漬，可以用吹風機來對付。將吹風機調到最高溫，對準油漬吹。當聞到油的味道時再擦就很容易了。

用包裝果菜的塑膠網作成菜瓜布。把包裝果菜的塑膠網收集起來，洗乾淨，曬乾，捲成圓形後擦拭水槽。如果污漬頑固，可蘸上一點洗滌劑再擦拭。

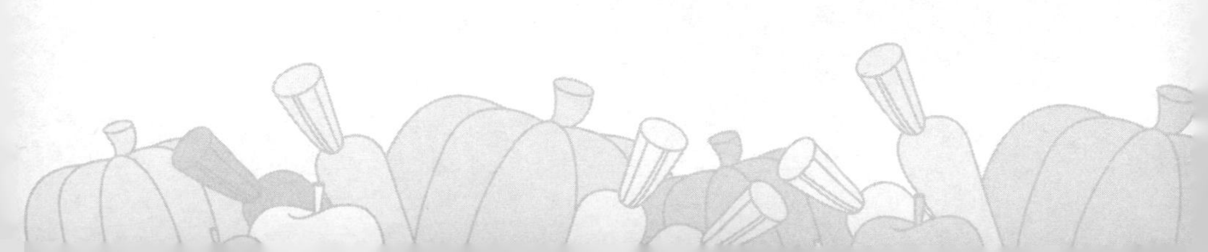

生活小補丁

儘量不要用堅硬的去汙鋼絲球擦洗水槽，以免損傷槽面和留下擦痕。另外，可將咖啡渣倒進水槽中，用水將其沖走，可以除去排水管道中的臭氣和油膩。

廚具清潔寶典

1.把新鮮梨皮放在鍋裡用水煮，可以使炒菜鍋內積聚的油垢脫落。

2.將沾有油垢的鋼絲球放在火上燒一下，待其自然冷卻後抖落灰燼，鋼絲球就會變得清潔如新。

3.食鹽、殘茶或醋能夠將碗碟茶杯中的積垢很快的擦洗乾淨。

4.除去新買鐵鍋上的鏽漬，可在鍋內加滿水，然後放在爐火上煮10分鐘，待水涼後刷洗即可除鏽。

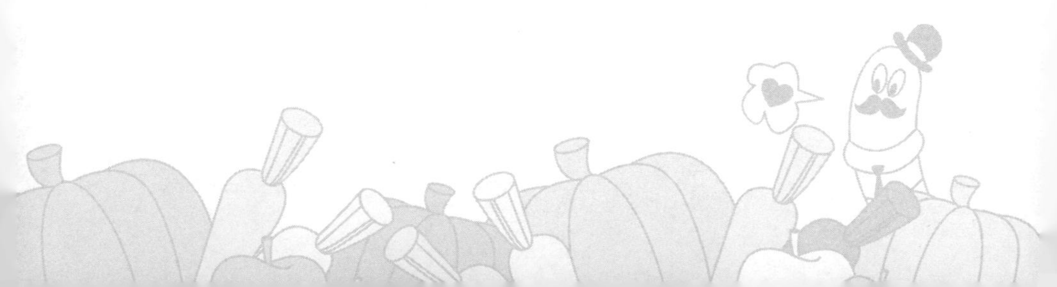

5.裝過牛奶、麵糊、雞蛋的食具，用冷水浸泡後再用熱水清洗，很容易洗乾淨。

6.將砧板浸在淘米水裡，用少許食鹽洗擦再用熱水洗淨，可以除去腥味。

7.將蘋果片放在燒焦的鋁鍋內加水煮，鍋的焦黑可除去。

8.牙膏可以將搪瓷器皿上的陳年積垢擦掉。

四招清除廚房油污

廚房可以說是油污的聚集地，如不好好清理，這個很重要的空間就會變得油膩不堪，所以還是一點點做起吧！

1.廚房地面的油污可在拖把上加醋去除，對於比較難對付的污漬，可用乾草木灰加水調成糊狀，再用清水反覆沖洗，地面就變乾淨了。

2.爐具上的油污可用黏稠的米湯塗抹，待米湯乾燥後，輕輕刮起，油污就與米湯一起除去了。或者用麵湯、烏魚骨清洗，效果也不錯。

3.玻璃上的油污可先用鹼性去污粉擦拭，再用氫氧化鈉或稀氨水溶液塗在玻璃上，半小時後用布擦洗，玻璃就會變得光潔明亮。

4.紗窗油污先用笤帚掃去表面的粉塵，再將15毫升洗潔精與500毫升水攪拌均勻後，用抹布蘸取溶液在紗窗兩面均抹，油膩即可除去。若在洗衣粉溶液中加少量牛奶，洗出的紗窗會煥然一新。

廚房去汙五妙法

1.用吃剩下的西瓜皮、蘋果核、黃瓜蒂等隨手擦拭有油污的地方，可達到去除油污的效果。

2.將洗滌劑直接塗在靠近灶台牆壁的瓷磚或抽油煙機的表面，

乾後將形成一層透明的隔油膜，能起到隔離便於清洗的效果。

3.用準備廢棄的食用油塗抹停留在抽油煙機表面和瓷磚表面的油污，過幾分鐘後再用常規的清潔方法清洗。

4.在熱水中加入少許純鹼溶化後，再加入適量的洗衣粉，這種溶液可以用來清洗油污較重的抽油煙機或灶台等。

5.處理廚房水槽油污時，可以抓兩把鹽均勻撒開，片刻後用熱水沖刷。其他清潔劑的泡沫如果堆積在排水口，只要撒一把鹽，就會很快消失。用過的牙刷可用來刷洗水槽四周的小角落。

番茄醬讓廚具煥發金屬光澤

家裡的水壺、高壓鍋等用的時間久了，都會失去原來的光澤，變得污濁。想讓它們恢復原來的光澤，只需用濕紙巾蘸上一些番茄醬，輕輕塗抹在器具上，停留5分鐘後，再用熱水沖洗乾淨，

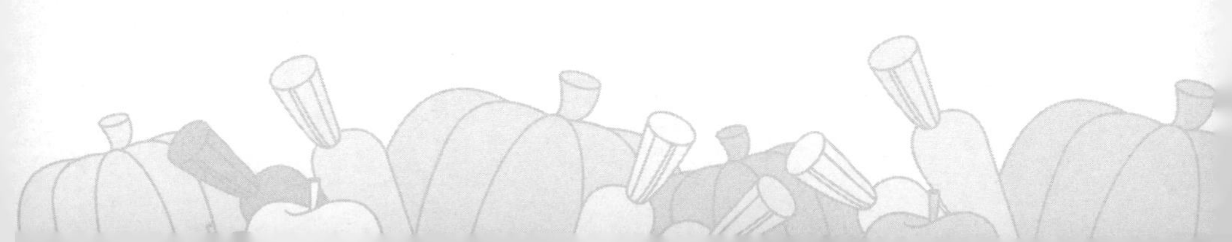

最後快速擦乾就可以了。因為番茄醬中的醋酸成分能與金屬發生反應，只需一會兒工夫，金屬廚具就煥然一新了。

洋蔥清潔玻璃製品

容易沾染油污的櫥櫃玻璃要勤清理，一旦發現有油漬時，可用洋蔥的切片來擦拭，模糊不清的玻璃就可以煥然一新了。

使用保鮮膜和沾有洗滌劑的濕布也可以讓沾滿油污

的玻璃「重獲新生」，方法是先在玻璃上噴上清潔劑，再貼上保鮮膜，使凝固的油漬軟化，過10分鐘後，撕去保鮮膜，再以濕布擦拭即可。

有花紋的毛玻璃一旦髒了，看起來比普通的髒玻璃更令人不舒服。此時用沾有清潔劑的牙刷，順著圖樣打圈擦拭，同時在牙刷的下面放塊抹布，以防止污水滴落。

當玻璃被頑皮的孩子貼上貼紙時，可用刀片將貼紙小心刮除，再用指甲油的去光水擦拭，就可全部去除了。

生活小補丁

玻璃製品如果不是由於沾染油污被弄髒的，可用蘸有醋水的抹布來擦拭，這樣玻璃製品便會重新光亮起來。

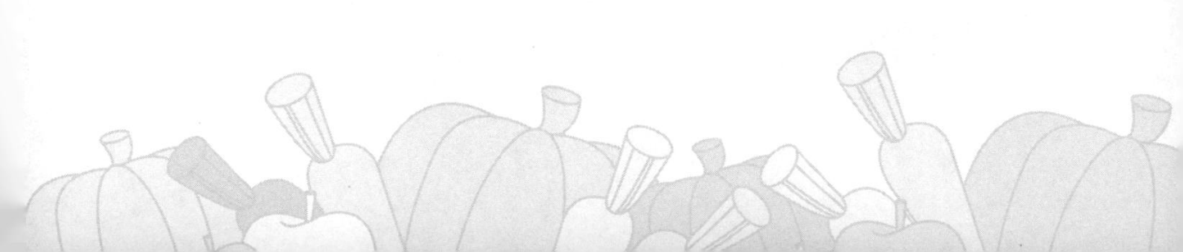

陶瓷餐具要慎選

陶瓷碗、碟在日常生活中被廣泛使用，所以在選購陶瓷餐具時，如不慎購買了劣品，其中所含的有害物質會對人體健康不利。

陶瓷餐具要挑選表面比較光滑、潔淨、釉質均勻的，那些表面多斑、多刺、釉質不均甚至有裂紋的陶瓷製品，其釉中所含的鉛易溢出，而鉛是一種有毒的重金屬，對人體有害，故這樣的陶瓷不宜做餐具。另外，修補過的陶瓷，其黏合劑的鉛含量也比較高，同樣不適合做餐具。

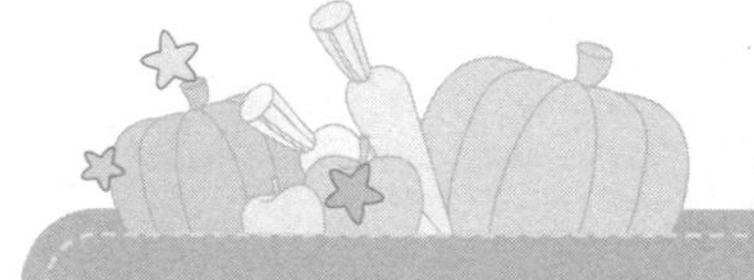

胡蘿蔔擦鍋蓋更潔淨

在鍋蓋有油污的地方上滴上洗碗精，然後用蘿蔔頭來回擦，

最後用濕抹布抹乾淨，鍋蓋上的油污就都擦乾淨了，而且不會留下像鋼絲球刷過後留下的刮痕。

另外，用在火上烤過的胡蘿蔔來擦拭不銹鋼餐具，效果也很好，同樣不會損傷餐具表面的光澤度。

清潔電鍋的小訣竅

電鍋的鋁製內鍋可用熱水浸泡後，再刷洗。內鍋受鹼或酸的作用會被腐蝕產生黑斑，可用去污粉擦淨或用醋浸泡一夜後洗淨。

電鍋外殼上的一般性汙漬可用洗碗精進行清洗。當電鍋內部

控制部位有飯粒或汙物掉進去時，應用螺絲刀取下電鍋底部的螺釘，揭開底蓋，將其中的飯粒、汙物除掉。若有汙物堆積在控制部位某一處時，可用小刀清除乾淨後，用無水酒精擦洗，但需注意，不能擦洗電腦控制裝置。

用牙膏去除油鍋上的污垢

油鍋使用時間長了，油污會比較不易清除。你可以試一下把牙膏均勻的塗在油污處，待牙膏稍乾以後用鋼絲球擦拭，頑固的油污即很好對付了。但這個方法會損壞不銹鋼鍋表層的鍍膜，所以你最好還是用後隨時清理。

食用油防止木砧板裂開

要防止砧板裂開，應在買回新砧板後，在砧板的兩面及周邊塗上食用油，待油吸乾後再塗，重複三四遍即可。砧板周邊易裂開，可多塗幾遍。因爲油的滲透力強，又不易揮發，可以長期潤澤木質，還有防腐功能，經過這樣處理的砧板不易裂開，也比較耐用。

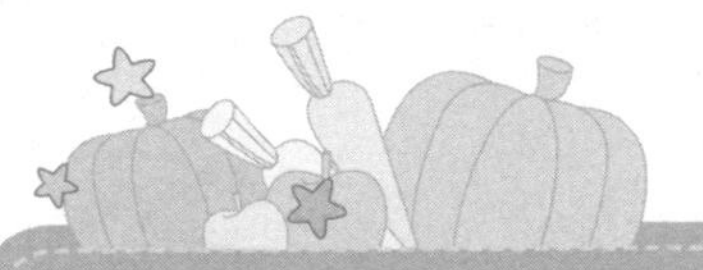

砧板消毒五法

根據研究顯示，使用7天的砧板表面每平方公分病菌多達20萬個。因此，砧板消毒是非常必要的。常用的消毒方法有以下幾種：

1.洗燙消毒：用清水和硬刷將砧板表面和縫隙洗刷乾淨，然後再用100℃的開水沖洗。

2.陽光消毒：砧板不用時應放到太陽底下曝曬，這樣不僅可以殺死細菌，還可保持砧板乾燥，減少病菌繁殖。

3.撒鹽消毒：每次使用砧板後，用刀將砧板面的殘渣刮淨，每隔一周左右在砧板面上撒一層鹽，這樣既可殺菌，又可防止砧板乾裂。

4.蔥薑消毒：用生蔥或生薑將砧板擦遍，然後一邊用熱水沖，一邊用刷子刷洗，可以消除砧板的怪味。

5.醋消毒：切過魚的砧板會留下腥味，只要灑上點醋，放在陽光下曬乾，然後用清水沖刷，腥味就可消除。

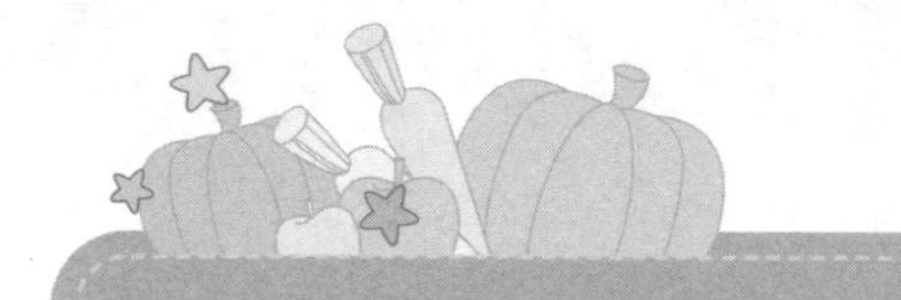

菜刀這樣保養好上加好

使用後的菜刀應用以清水洗淨，並拭乾掛在刀架。特別是在切割鹹菜、蓮藕、菱角等後，刀的雙邊都黏附有丹寧，易引起氧化，致使刀面變黑。一定要及時清潔，還應注意不要讓刀刃碰到堅硬物。潮濕季節時，菜刀在切含鹽量高的食材或酸澀食物後容易產生黴菌，所以每次使用後一定要洗滌乾淨，並擦拭收好。

如果想讓菜刀變得更加鋒利，可以適當的用磨刀工具打磨。磨刀工具有磨刀石、磨刀磚兩種。前者爲砂岩物質，質地粗糙，難免損傷刀刃；後者爲泥沙磚製品，質地細膩，易使刀磨得鋒利，且不傷及刀刃。但是在磨新刃或刀刃缺口

時，可先以粗磨刀石磨尖端，然後用細磨刀磚磨。磨刀時，表裡兩面的磨刀次數應相等，並均勻磨刀刃前、中、後各部。

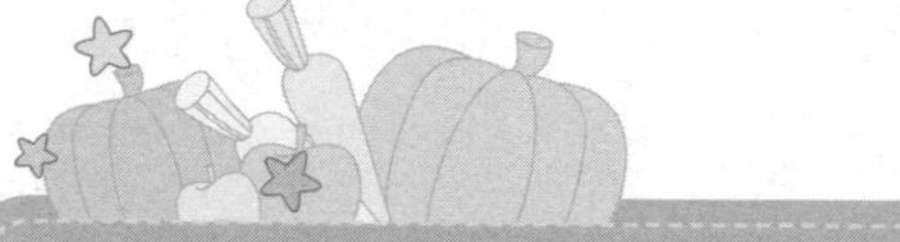

抽油煙機不再油膩膩

抽油煙機爲人們解決了廚房油煙的困擾，但怎樣清洗抽油煙機又成爲一個新的問題。目前市場上有很多針對清洗抽油煙機的去油劑，所以爲你的抽油煙機買一款合適的去油劑是解決問題的第一步。選擇去油劑時不僅要注意其去油能力，還要瞭解其腐蝕性、易清除性等多種性能。爲了日常使用方便，你應選擇帶噴頭的去油劑。另外，要經常清潔抽油煙機，每次做完飯略噴一點，稍置數分鐘，用濕布一擦即淨，省時又省力。

如要去除抽油煙機油盒上的油污，可找乾淨的毛巾塞滿油盒，然後在開水中加入適量清潔劑，把塞了毛巾的油盒放在開水裡

浸泡30分鐘。在這個過程中，開水會使凝固在油盒上的油污軟化，而軟化的油污就直接被毛巾吸附，避免了油污在水中擴散。30分鐘過後，再換一盆清水，放入適量的油汙清潔劑，用刷子將油盒徹底刷洗乾淨就可以了。

去除抽油煙機風扇上的油污時，要把吹風機開到最大，然後將吹風機伸到抽油煙機裡部，緊挨著風扇吹風，先橫向吹再縱向吹，使風扇的各個部位都能均勻受熱。吹半小時後關掉吹風機，用刷子蘸少量水，刷洗抽油煙機的風扇。最後用乾淨的濕抹布再將排風扇擦洗一遍，清除油煙機風扇上殘留的油污，整個過程完成後，抽油煙機風扇中的油污就清洗乾淨了。

清除風扇罩上的油污時，用同樣的方法使風扇罩受熱，然後放到加了洗滌劑的水裡，用抹布或者刷子清洗即可。

輕鬆去除傢俱頑漬

傢俱上總有一些「頑固」的污漬讓人頭疼，下面幾個小訣竅能幫你輕鬆去除頑漬，讓傢俱光潔如新。

1.茶几上遺灑的茶水時間久了會很難去除，可以在茶漬上灑些水，用香菸盒裡的錫箔紙擦拭後再用水擦洗，就能把茶漬洗掉。

2.竹器、藤器用久了會積垢變色，用軟布蘸鹽水擦洗即可去汙。

3.熱杯盤直接放在茶几上，會在茶几的漆面上留下一圈燙痕。用酒精、花露水或濃茶在燙痕上輕輕擦拭就能去除。如果痕跡沉積時間過長，可以在燙痕上塗一層凡士林油，隔兩天再用抹布擦拭就

能抹去污痕。

生活小補丁

傢俱要避免陽光長期照射，否則容易使木頭內部水分失去平衡，造成裂痕。另外，室內還要保持良好濕度，理想的濕度在40%左右，若長期使用冷氣，可在旁邊放盆水，這樣更能保養好自己的傢俱。

清潔地毯有巧法

方法一：用600公克麵粉、100公克精鹽、100公克滑石粉加水調和後，再倒入30毫升的白酒將混合物加熱，調成糊狀，待冷卻後切成碎塊均勻的撒在地毯上，然後用乾毛刷和絨布刷拭，地毯汙漬即可去除。

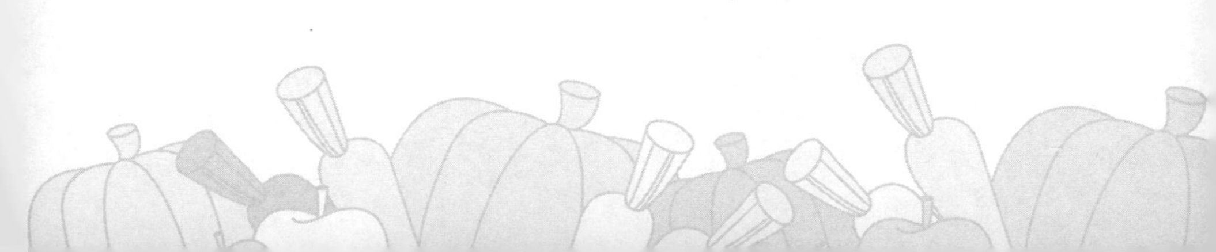

方法二：將笤帚放在肥皂水中煮一下，然後將食鹽撒在地毯上，用煮過的笤帚在地毯上來回掃，可使地毯清潔，且具有光澤。

方法三：取一塊布在水中浸濕擰乾，鋪在地毯上，然後用木棍反覆敲打，使灰塵吸附在潮濕的布上，除去地毯污垢。

五種地毯汙漬的清潔法

1.油煙漬：在水中加入食鹽，製成濃度較高的食鹽水，然後用刷子蘸取食鹽水刷洗；用棉紗蘸取純度較高的汽油也有去油漬的效果。

2.水果汁漬：先用80%氨水溶液浸濕汙漬，再用毛刷蘸取氨水液刷洗即可。

3.墨水漬：可用細鹽粉末加肥皂水液刷去；如是陳墨漬，宜先用鮮奶浸潤透，再使用毛刷蘸取鮮奶反覆擦洗。

4.水果酒、啤酒漬：先用棉紗或軟布條蘸取溫洗衣粉溶液塗抹擦拭，然後再使用溫水及少量食用醋溶液清洗乾淨。

5.動植物油漬：用棉紗蘸取純度較高的汽油反覆擦拭；也可使用洗滌劑刷洗。

木質地板的清潔保養

木質地板髒了時，如果是水溶性物質留下的一般污垢，可先拭去浮塵，然後用細軟抹布蘸上洗米水，或者橘皮水擦拭，就可除去污垢。如果是藥水或顏料灑在地板上，必須在汙漬未滲入木質表層前加以清除，可用浸有傢俱蠟的軟布擦拭。若地板表面被菸頭燒損，用蘸了傢俱蠟的軟布用力擦拭可使其恢復光亮。

日常保養時切忌用濕拖把直接擦拭，應使用木質地板專用清潔劑進行清潔，讓地板保持原有的溫潤質感與自然原色，並可預防木質地板乾裂。注意，爲了避免過多的水分滲透到木質地板裡層，造成發黴、腐爛，使用地板清潔劑時，應儘量將拖把擰乾。

如果要避免地板長期踩踏磨損，常保光澤亮麗，地板清潔後，可以再上一層木質地板蠟保養劑。不過要注意，一定要等地板完全風乾後再上蠟，以免蠟層無法完全附著於木質地板上，反而使地板出現白斑。最好使用平面式海綿拖把，以免一般拖把的棉絮殘留在地板上。

用過期的發酸牛奶擦拭地板也可使地板光亮如新，具體方法是：先用兩倍於牛奶的水將牛奶稀釋，再把抹布浸濕後擰乾，用力擦拭地板即可。

讓真皮沙發亮麗如新

一般來說，皮沙發保養的關鍵在於皮質的呼吸，因此，要經常清理皮沙發，以保持皮表面的毛孔不被灰塵堵塞，而且還要保持室內通風，過於乾燥或潮濕都會加速皮革的老化。在平時清理時，一定要使用純棉布或絲綢沾濕後輕輕擦拭，擦淨後可用碧麗珠或上光蠟等再噴一遍，以保持光潔。

清洗時，切忌用鹼性清洗液，因爲沙發製皮時是酸性處理，鹼性液會使皮革柔軟性下降，長期使用會發生皺裂。如果小孩用原子筆等在皮沙發上畫畫，也不必著急，只要即時用橡皮擦輕輕擦拭便可去除。而當沙發沾到汽水飲料等髒汙，應立即處理，防止水和糖分滲入毛細孔內，此時應以皮革專用的馬鞍皂，沾海綿以打圈圈的方式向中心集中，最後用軟布擦乾即可。

另外，如果家裡的皮沙發上有幾處污垢特別頑固，可以取適量蛋清，用棉布蘸取，反覆擦拭皮沙發表面較髒的地方。此方法用

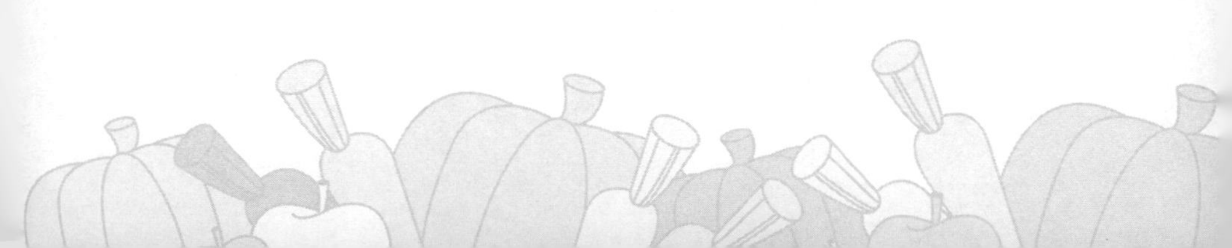

於皮革製品的清潔特別有效，而且蛋清還有一定的拋光作用，使用之後皮革會呈現出原有的光澤。

小方法消除傢俱擦傷

傢俱表面的漆皮不小心被擦傷了，雖然沒有傷到漆下的木質，也不影響使用，但是看起來總是不夠美觀。你可以用與傢俱顏色一致的蠟筆或顏料，塗抹在傢俱的創面，覆蓋外露的底色，然後用透明的指甲油薄薄的塗一層即可。

生活小補丁

如果需要在木製傢俱上釘釘子，注意一定避開木料端頭直線木紋的部位，以免木料劈裂。

電熨斗熨掉傢俱水漬

可以將沾濕的布蓋住傢俱上的水漬痕印，然後用電熨斗小心的按壓濕布數次，水漬印便會因遇熱蒸發水分而消失。

四招消除傢俱燙痕

1.傢俱漆面上較淺的燙痕。一般可用煤油、酒精、花露水或濃茶水蘸濕的抹布擦拭掉。若燙痕很深，可將浸過溫水的毛巾擰乾，滴上少許氨水，再用手掌摩擦毛巾，使氨水佈滿手掌，用手掌輕而迅速的拍打燙痕，最後再塗上一層蠟。這樣，燙痕便可消除。

2.用碘酒在燙痕上輕輕擦抹即可。

3.在燙痕上塗一層凡士林油，隔兩天再用抹布擦拭，也可消除燙痕。

4.傢俱漆面上有輕微燒痕時，可在牙籤上包一層細紋硬布，輕輕擦抹痕跡，然後塗上一層薄蠟，焦痕即可除去。當然這種辦法只適用於未傷及漆下木質的輕微燒痕，如果燒痕嚴重則無濟於事。

生活小補丁

傢俱漆面上如果不慎滴了蠟油，應在白天光線良好時，用一塑膠薄片雙手緊握，向前傾斜，將蠟油從前方向後慢慢刮除，然後用質地比較細軟的布擦淨。

只需三招，傢俱變新

1.牛奶變新法：用一塊蘸了牛奶的布擦拭桌椅等傢俱，不僅可清除污垢，還可使傢俱光亮如新。

2.醋水變新法：將水和醋按照4：1的比例製成溶液，然後用軟布蘸此溶液擦拭木製傢俱，可使傢俱重現光澤。

3.涼茶變新法：濃茶變涼後，將一塊軟布浸透，擦洗木製傢俱兩三次，然後再用地板蠟擦一遍，傢俱的漆面就能恢復原來的光澤。

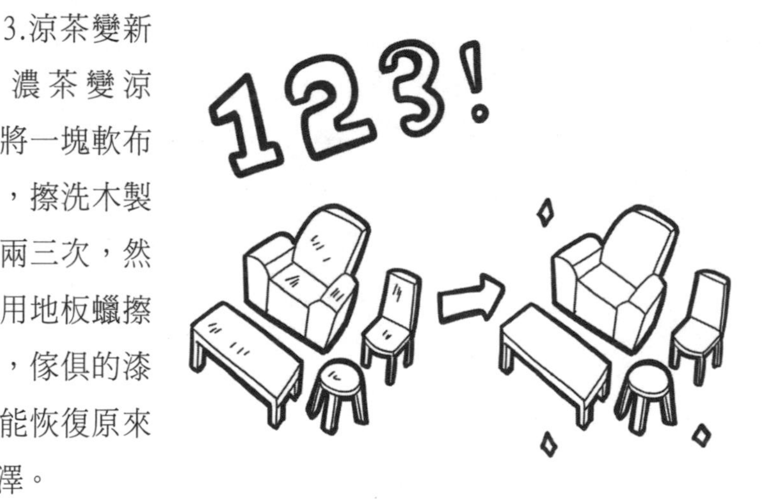

生活小補丁

如果木製傢俱被油沾汙，用鹽水浸泡過的稻草灰擦拭，油污即可除掉。

i-smart

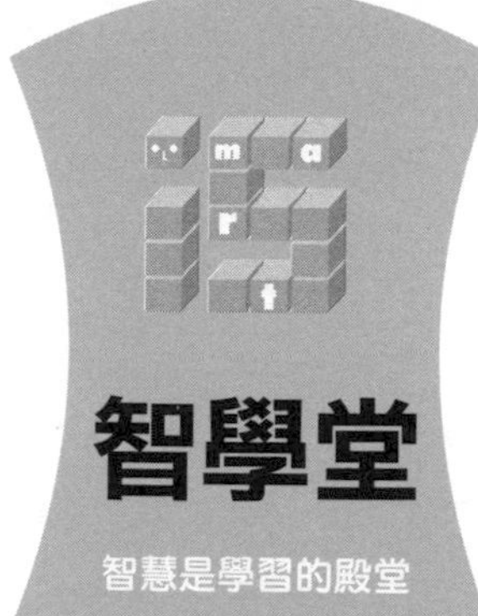

★ 親愛的讀者您好，感謝您購買 這樣也可以？香蕉皮不只能絆倒人 這本書！

為了提供您更好的服務品質，請務必填寫回函資料後寄回，
我們將贈送您一本好書（隨機選贈）及生日當月購書優惠，
您的意見與建議是我們不斷進步的目標，智學堂文化再一次
感謝您的支持！
想知道更多更即時的訊息，請搜尋"永續圖書粉絲團"

您也可以使用以下傳真電話或是掃描圖檔寄回本公司電子信箱，謝謝！

傳真電話：
（02）8647-3660

電子信箱：
yungjiuh@ms45.hinet.net

姓名：＿＿＿＿＿＿ ○先生 ○小姐 生日：＿＿＿＿＿＿ 電話：＿＿＿＿＿＿

地址：＿＿＿＿＿＿＿＿＿＿＿＿＿＿＿＿＿＿＿＿

E-mail：＿＿＿＿＿＿＿＿＿＿＿＿＿＿＿＿＿＿＿＿

購買地點（店名）：＿＿＿＿＿＿＿＿＿＿ 購買金額：＿＿＿＿＿＿

職　業：○學生 ○大眾傳播 ○自由業 ○資訊業 ○金融業 ○服務業 ○教職
○軍警 ○製造業 ○公職 ○其他＿＿＿＿＿＿

教育程度：○高中以下（含高中） ○大學、專科 ○研究所以上

您對本書的意見：

☆內容	○符合期待	○普通	○尚改進	○不符合期待
☆排版	○符合期待	○普通	○尚改進	○不符合期待
☆文字閱讀	○符合期待	○普通	○尚改進	○不符合期待
☆封面設計	○符合期待	○普通	○尚改進	○不符合期待
☆印刷品質	○符合期待	○普通	○尚改進	○不符合期待

您的寶貴建議：

廣告回信
基隆郵局登記證
基隆廣字第000152號

221-03 新北市汐止區大同路三段194號9樓之1

編輯部 收

請沿此虛線對折免貼郵票，以膠帶黏貼後寄回，謝謝！